燃料棒性能分析软件适用性评价方法概述

生态环境部核与辐射安全中心　编著

中国原子能出版社

图书在版编目（CIP）数据

燃料棒性能分析软件适用性评价方法概述 / 生态环境部核与辐射安全中心编著. --北京：中国原子能出版社，2023.12

ISBN 978-7-5221-3055-2

Ⅰ. ①燃… Ⅱ. ①生… Ⅲ. ①燃料棒–性能分析–软件工程 Ⅳ. ①TL352

中国国家版本馆 CIP 数据核字（2023）第 192097 号

燃料棒性能分析软件适用性评价方法概述

出版发行 中国原子能出版社（北京市海淀区阜成路 43 号 100048）

责任编辑 徐 明

封面设计 邢 锐

责任校对 冯莲凤

责任印制 赵 明

印　　刷 北京九州迅驰传媒文化有限公司

经　　销 全国新华书店

开　　本 787 mm×1092 mm 1/16

印　　张 9.75

字　　数 200 千字

版　　次 2023 年 12 月第 1 版 2023 年 12 月第 1 次印刷

书　　号 ISBN 978-7-5221-3055-2 **定 价** **88.00** 元

编委会

主　编　温　爽

副主编　刘福东　田欣鹭

编　委　高新力　贾　斌　杜平非

韩向臻　陈海英　乔雪冬

刘宇生　梁　兵　高　远

樊柯彬

序 言

《核动力厂设计安全规定》（HAF102-2004）5.9 节规定："安全分析中应用的计算机程序、分析方法和核动力厂模型必须加以验证和确认，并必须充分考虑各种不确定性。"《核动力厂安全评价与验证》（HAD102/17-2006）4.6.2 节提出："在安全分析中使用的所有计算机程序都应予以确认和验证"。2017 年，国家核安全局发布了《核动力厂安全分析用计算机软件开发与应用》导则，论述了核动力厂安全分析所使用的计算机软件的开发与评估方法、应用原则、验证与确认、质量保证等方面的要求。在该导则的 2.1 节"安全分析用计算机软件的范围"中，给出了 9 类常用的核动力厂安全分析用计算机软件，其中包含了模拟核动力厂正常运行期间及事故后燃料元件行为的燃料行为程序。本书所关注的模拟燃料棒Ⅰ、Ⅱ类工况热力学行为的燃料棒性能分析软件就属于这一类程序。

核动力厂安全分析用计算机软件是核动力厂安全分析的重要工具，对安全分析软件的适用性进行评价是核动力厂安全监管的基础工作之一。安全分析软件的审查、评价是一项技术复杂、难度较大的工作。国家核安全局在 2018 年正式启动了自主化安全分析软件评价工作，但是具有可操作性的、可直接指导技术评价的方法尚未形成，使得安全分析软件的评价工作难以深入、充分地开展。为了规范和统一燃料棒性能分析软件评价方法，为燃料棒性能分析专业的软件评价工作提供必要的参考，本书基于燃料棒性能分析软件适用性评价工作经验，梳理了评价方法以及评价过程中常见问题，从以下几个方面展开讨论。

（1）法规标准：包括概述、国外燃料棒性能分析相关法规标准、国内燃料棒性能分析相关法规标准和软件评价相关法规标准，本章由高远负责编写；

（2）软件评价概述：包括评价目的、评价原则、评价方法、重点问题、评价准则和评价结论，本章由高新力负责编写；

（3）软件质量保证：包括概述、质保体系和法规标准、软件质保现状、质保评价方法、质保评价关注点，本章由樊柯彬负责编写；

（4）软件需求分析：包括概述、功能需求、接口需求和非功能需求，本章由陈海英负责编写；

（5）软件功能：包括概述和功能评价，本章由梁兵负责编写；

（6）软件理论模型：包括概述、计算方法和典型理论模型，本章由田欣鹭负责编写；

（7）软件测试：包括概述、测试要求和测试文档格式及内容，本章由杜平非负责编写；

（8）分离效应确认：包括概述、模型确认要求和新型包壳确认要求，本章由刘宇生负责编写；

（9）整体效应确认：包括概述、确认试验、确认数据的完整性、确认数据的充分性、确认数据的正确性、评价过程中的主要问题和确认试验能力的现状，本章由温爽负责编写；

（10）不确定性分析：包括概述、不确定性分析方法、不确定性参数、设计参数的不确定性、设计参数的保守性和不确定性分析评价，本章由韩向臻负责编写；

（11）评价计算：包括概述、功能测试、确认算例的复核验算、应用对象的复核验算、敏感性分析以及校核计算，本章由贾斌负责编写；

（12）评价结论，本章由乔雪冬负责编写；

（13）附录：给出了燃料棒性能分析软件评价报告大纲示例。

本书在各章节编写完成后，由温爽进行统稿，田欣鹭进行校对，刘福东对全书内容进行审核。

本书可为参与燃料棒性能分析软件安全评价的审评人员提供指导，也可帮助核动力厂安全分析用计算机软件开发单位更好地准备软件评价工作。书中描述的评价方法适用于压水堆核动力厂所使用的燃料棒性能分析软件，其他堆型核电厂和研究堆所使用的燃料棒性能分析软件可参照执行。随着燃料棒性能分析软件安全评价实践以及国内软件验证和确认能力的发展，书中内容会不断修订和完善。

目　录

第一章　法规标准

1.1 概　述

法规标准是燃料棒性能分析软件适用性评价的基础。本章系统梳理了国内外燃料棒性能分析相关法规标准以及软件评价相关法规标准，总结了各项导则、规范与软件适用性评价的相关性，为后续各项工作的开展提供了法规依据。

我国核安全法律法规体系一般可分为五个层级（见图 1-1）：分别为国家法律、国务院条例（即国务院行政法规）、国务院各部门发布的部门规章、核安全导则、技术文件和标准。随着层级的降低，强制性逐渐降低，适用范围逐渐缩小，但技术性和可执行性却不断提高。

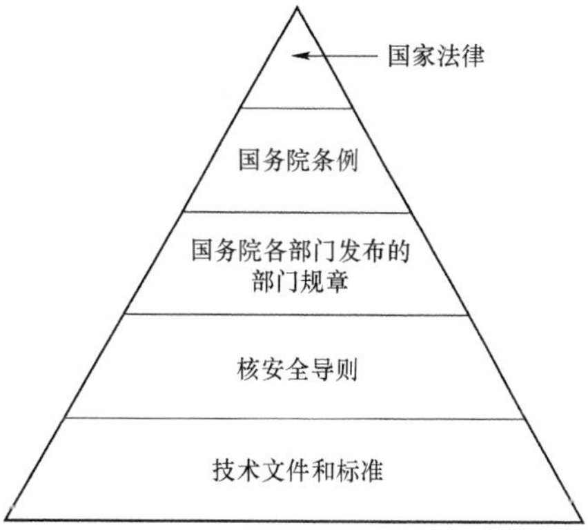

图 1-1　核安全法律法规体系

1. 国家法律

国家法律是法律法规的最高层级。与核工业领域相关的包括：《中华人民共和国放射性污染防治法》《中华人民共和国核安全法》，以及列入立法计划的《中华人民共和国原子能法》。上述法律规定了我国核工业发展的方针、政策和安全与质量方面的根本要求，也是制定行政法规、部门规章、导则和标准的法律依据。

2. 国务院条例

国务院条例即通常所说的行政法规，是政府管理部门制定的法令和条例，是国家法律在相关领域的进一步细化，规定了各领域的法规要求。对于核安全领域，行政法规主要包括：《中华人民共和国民用核设施安全监督管理条例》《中华人民共和国核材料管制条例》《核电厂核事故应急管理条例》《民用核安全设备监督管理条例》等。

3. 国务院各部门发布的部门规章

部门规章主要包括国务院条例实施细则及其附件，以及提出核安全技术要求的行政管理规定等两部分。核安全部门规章是由国家核安全局发布的，即通常所说的核安全法规（HAF）。按照设施和专业共分为 11 个领域，分别为：

0）通用系列；

1）核动力厂系列；

2）研究堆系列；

3）非堆核燃料循环设施系列；

4）放射性废物管理系列；

5）核材料管制系列；

6）民用核安全设备监督管理系列；

7）放射性物质运输管理系列；

8）同位素和射线装置监督管理系列；

9）电磁辐射污染控制系列；

10）环境辐射污染控制系列。

部门规章与前两个层次的文件一样，具有强制性，与核动力厂燃料棒性能分析关系密切的部门规章主要包括：HAF102《核动力厂设计安全规定》以及 HAF103《核动力厂运行安全规定》。

4. 核安全导则

由于国家法律、国务院条例和部门规章通常只提出原则性的要求，因此国家核安全局还制定了一些与核安全法规性文件对应的支持性文件作为说明和补充，在使用方法和程序流程上给出推荐性建议。这部分文件就是常说的核安全导则（HAD）。核安全导则的层次低于部门规章，在执行过程中，可以采用导则中推荐的方法和程序，也可以采用等效的替代方法和程序。不过由于论证方法和程序可以达到同等安全水平较为困难，因此在实践中一般常把核安全导则也作为强制性要求执行。

与核动力厂燃料棒性能分析关系密切的核安全导则主要包括：HAD003/06《核电厂设计中的质量保证》、HAD102/01《核电厂设计总的安全原则》、HAD102/06《核电厂堆芯的安全设计》和 HAD103/01《核动力厂运行限值和条件及运行规程》等。

5. 技术文件和标准

由于核安全导则依旧不能覆盖所有技术问题，因此还需要出台大量技术文件和标准，来规范具体的技术或行政管理问题。我国核行业标准体系建立过程中，积极采用或参照国际标准或核发达国家的先进标准。在核行业标准中，凡是核行业专用的技术术语、符号、代号、文件格式、制图方法等通用技术语言标准，以及核燃料的安全、防护、环保标准等，为强制性标准（代号为 EJ），其余都是推荐性标准（代号为 EJ/T）。

涉及核动力厂燃料棒性能分析领域的核行业标准主要包括：EJ/T 323—1998《压水堆核电厂燃料组件设计准则》、EJ 622—1992《反应堆燃料元件术语》、EJ/T 1029—1996《压水堆核电厂燃料系统设计限值规定》等。

需要说明的是，在燃料棒设计过程中，除了核行业标准外，还可能采用其他行业标准。例如，取代 EJ/T 323—1998 的 NB/T 20057.3—2012《压水堆核电厂反应堆系统设计　堆芯　第 3 部分：燃料组件》就属于能源行业标准。

6. 国家标准体系

除了上述法律体系之外，还存在国家标准体系。国家标准同样分为强制性与推荐性两种。凡是需要在全国范围内统一的技术术语、符号、代号标准、与人身及环境安全密切相关的标准，为强制性标准（代号为 GB），其余都是推荐性国家标准（代号为 GB/T）。

涉及核动力厂燃料棒性能分析领域的国家标准主要包括 GB/T 4960.3—2010《核科学技术术语第 3 部分：核燃料与核燃料循环》、GB 11925—1989《压水堆核燃料棒设计导则》等。

1.2　国外燃料棒性能分析相关法规标准

我国在制定燃料棒性能分析相关法规标准的过程中，参考了欧美核电先进国家的经验。本章节简要描述国外，特别是美国的燃料棒法规标准体系。

1.2.1　联邦法规

美国燃料棒性能的总体要求来源于美国联邦法规 10CFR50 和 10CFR100 中的规定，主要目的是确保以下几点：

（1）正常运行和预期运行事件不应导致燃料系统损伤：这里所说的不会损伤，是指燃料系统的尺寸保持在运行容差范围内，其功能没有降低到安全分析中假定的功能之下。10CFR50 附录 A 中的设计准则（GDC）第十条要求特定燃料设计规定可接受限值（SAFDL），这个限值在正常运行和预期运行事件下不应被超过。因此该限值的目的就是确保燃料不会发生损伤；

（2）燃料系统中的损伤始终不会在需要控制棒插入时妨碍其插入堆芯：10CFR50 附录 A 中的设计准则对控制棒的可插入性提出了一般要求；

（3）在假想事故中没有低估燃料棒失效的数目：燃料棒失效意味着燃料棒发生泄漏，作为第一道裂变产物屏障的包壳已经被破坏。在 10CFR100 中要求假想事故剂量分析中必须计及燃料棒失效；

（4）始终维持可冷却性：可冷却性一般指燃料组件保持其棒束几何形状，并有足够的冷却通道，即使在严重事故后也能使余热排出。GDC 对堆芯可冷却性提出了一般要求，10CFR50.46 规定了冷却剂丧失事故（LOCA）的特定冷却性要求。

1.2.2 标准审查大纲

《审查核电厂安全分析报告的标准审查大纲》（SRP）由美国核管理委员会（NRC）编制，以 NUREG-0800 形式出版，供审评者使用。其中 4.2 节“燃料系统设计”中规范了燃料系统的审查范围、验收准则、审查程序、评价结论和实施，并以附录的形式推荐了一套外力作用下燃料组件结构响应评价方法和反应性引入事故的临时验收准则和指南。本节主要关注 SRP 4.2 节中审查范围、验收准则和分析方法。

1. 审查范围

在“审查范围”一节，首先明确了美国联邦法规中对燃料系统的四个要求及安全审查的四个目的，包括：

1）正常运行和预期运行事件（AOO）不应导致燃料系统损伤；

2）燃料系统中的损伤始终不会在需要控制棒插入时妨碍其插入堆芯；

3）在假想事故中没有低估燃料棒失效的数目；

4）始终维持可冷却性。

而具体的审查范围包括：

1）设计基准：包括燃料系统损伤机理和重要参数限值；

2）说明和设计图纸；

3）设计评价：审查正常运行、预期运行事件和假想事故中燃料系统的性能，确保满足所有设计基准；

4）试验、检查和监督计划：应进行新燃料的试验和检查，确保燃料按设计制造，在运往电厂厂址和装入堆芯时没有损伤；

5）检查、试验、分析和验收准则（ITAAC）；

6）联合执照（COL）行动项、认证要求和限制。

2. 燃料系统损伤的验收准则

GDC 10 要求在正常运行和预期运行实践中，不超过燃料设计规定可接受限值，对损伤机理应给出燃料系统损伤准则。燃料损伤准则应以辐照材料性能数据为基础，考虑高燃耗的影响，保证燃料系统尺寸维持在运行容差范围内，功能不降低至安全分析中假定的功能之下。损伤准则应包含以下内容：

1）应给出燃料系统结构部件的应力、应变或载荷限值；

2）结构部件上应变疲劳累积循环数，应明显小于设计疲劳寿命；

3）结构部件上接触点的磨损应予限制；

4）对氧化、氢化和腐蚀产物（水垢）的积累应加以限制，燃料棒每个部件都有具体的限值；

5）对燃料棒、燃料组件、控制棒和导向管的尺寸变化（棒弯曲或辐照生长）加以限制，防止燃料失效或超过热工水力限值的情况发生；

6）燃料棒和可燃毒物棒内部气体应保持低于正常运行时的名义系统压力；

7）在燃料棒束脱底可能影响控制棒插入时，对正常运行工况、预期运行事件及事故工况下最不利的水力载荷进行评价；

8）保持控制棒的反应性和可插入性。

3. 燃料棒失效的验收准则

燃料棒失效是指燃料棒失去密封性。GDC10 要求在正常运行和预期运行实践中，不超过燃料设计规定可接受限值；10CFR100 对假想事故裂变气体产物提出了要求。为了满足上述要求，对于所有已知的燃料棒失效机理应给出燃料棒失效准则。

燃料棒失效可能由过热、芯块－包壳相互作用（PCI）、氢化、包壳坍塌、爆破、机械断裂和磨蚀引起。燃料棒失效准则应以辐照材料性能数据为基础，考虑高燃耗的影响。

正常运行时的燃料棒失效准则包括：

1）氢化：内部和外部氢化均会导致锆合金部件失效；

2）包壳坍塌：芯块因密实产生轴向间隙后，包壳可能向间隙内坍塌；

3）包壳过热：如果满足压水堆偏离泡核沸腾比（DNBR）准则，则假定不会失效。

预期运行事件和假想事故的燃料棒失效准则包括：

1）燃料芯块过热：预期运行事件不允许发生芯块中心熔化；假想事故假设发生芯块中心熔化的燃料都会失效；

2）燃料比焓过高：反应性引入事故（RIA）导致燃料比焓的突然升高，会引起芯块－包壳机械相互作用而导致燃料失效；

3）芯块－包壳相互作用：包括芯块－包壳相互作用和芯块－包壳机械相互作用（PCMI）。前者一般是包壳由于裂变产物（碘）脆变产生的应力腐蚀开裂，后者主要是应力造成的失效；

4）爆破：应急堆芯冷却系统（ECCS）评价模型应考虑由于包壳温度分布和包壳

内外压差引起的包壳鼓胀和破裂；

5）机械断裂：主要是燃料棒因外力作用产生的缺陷。

4. 燃料棒可冷却性的验收准则

可冷却性是指燃料组件保持其棒束几何形状，并有足够的冷却剂通道排除余热。GDC27 和 GDC 35 中对假想事故中控制棒可插入性和堆芯可冷却性提出了要求，对于所有严重损伤的机理都应给出燃料可冷却性准则。

燃料可冷却性可能受到包壳脆化、燃料剧烈爆炸、包壳完全熔化、较大的结构变形和燃料棒极强的共面鼓胀等因素影响，完整的燃料棒（包含控制棒）准则应包含以下内容。

1）包壳脆化：为了包壳有足够的淬火后韧性来保持可冷却的堆芯几何形状，包壳的最高温度应保持在 1 200 ℃以下，包壳最高氧化量应小于 17%；

2）燃料剧烈爆炸：发生严重的反应性事故时，燃料中快速大量聚集的能量引起燃料熔化、碎裂和弥散；

3）包壳整体熔化：会使燃料棒失去棒束几何形状，对现有包壳而言，包壳脆化准则可以包络包壳熔化准则；

4）燃料棒鼓胀：在堆芯流量分布分析中需考虑包壳鼓胀产生的爆破应变和流动阻塞；

5）结构变形。

5. 分析方法

在 SRP4.2“设计评价”中“分析预测”一节，给出了针对计算方法较为成熟的审查方式，主要由以下内容构成。

1）燃料温度（储能）：温度计算需要模拟不同现象的耦合，重点关注的现象学模型主要包括：径向功率分布、燃料和包壳温度分布、燃料中燃耗分布、热导率（包括燃料、包壳、水垢和氧化层）、燃料密实、燃料和包壳的热膨胀、裂变气体的产生和释放、固态和气态裂变产物肿胀、燃料的重构和重定位、燃料和包壳的尺寸变化、燃料和包壳的传热系数、气体混合物的热导率、Knudsen 区域的热导率、燃料和包壳接触压力、燃料和包壳的热容、包壳的生长和蠕变、燃料棒内气体的压力和成分、氦和气体预充气体的吸附、包壳氧化层和水垢的厚度、包壳到冷却剂的传热系数、包壳氢化；

2）密实效应：密实对燃料温度、堆芯功率分布、燃料线功率密度和包壳坍塌的可能性存在一定的影响，密实化模型应符合 RG1.126 中的细则规定；

3）燃料棒弯曲：目前燃料棒弯曲的机理并没有完全研究清楚；

4）包壳坍塌：应使用被认可的方法证明燃料寿期内不会发生包壳坍塌；

5）结构变形；

6）破裂和流动阻塞（鼓胀）：这些模型应考虑高温下的包壳相变；

7）燃料棒压力：计算中应考虑棒功率、程序模型以及燃料棒制造的不确定性；

8）金属－水反应率：锆合金包壳与蒸汽反应产生的能量释放率、产氢率和包壳氧化率，可以通过 RG1.157 中允许的最佳估算模型，或者 10CFR 50 附录 K 中的 Baker-Just 方程计算；

9）裂变产物总量。

1.2.3 其他

除了上述两种法规标准外，各个核电发达国家还制订了其他一些标准规范。

美国的标准体系主要由美国联邦法规、管理导则、ASME、ANSI、ANS、ASTM 等有关法规标准构成。其中 ANSI/ANS-57.5《轻水堆燃料组件机械设计和评价》是其中比较重要的文件，影响了包括我国在内的世界其他国家标准的制订。此外，以核燃料制造、质量控制和检验方法为主的 ASTM 标准，也影响了我国核燃料标准的制定。

法国燃料标准体系以 RCC-C 和相关技术文件为主体，而一般的工业标准通常直接采用美国标准，其燃料标准体系较为完整。RCC-C《压水堆核电厂燃料组件设计和建造规则》是法国压水堆燃料设计和建造重要的综合性标准。在该标准第六章“燃料系统设计”中，既规定了燃料系统的设计要求，又规定了燃料系统的制造要求，在法国得到了广泛的应用。

由于法国标准大多数参照美国制订，例如 RCC-C 第六章即参照 SRP4.2、ANSI/ANS-57.5 和 ASME 第三卷制订，因此本章以 ANSI/ANS-57.5 为代表，对国外燃料棒领域的其他法规标准进行概述。

ANSI/ANS-57.5 首先为设计工况提出了燃料系统的 12 条功能要求：

1）提供并维持可接受的燃料组件几何形状和轴向、径向位置；

2）提供可接受的冷却剂流量和传热条件；

3）提供第一道屏障（包壳），将燃料、裂变产物与冷却剂分隔；

4）允许燃料棒、燃料组件和相邻的堆内构件沿轴向和径向膨胀；

5）提供支撑；

6）能承受流体载荷的作用；

7）为使用控制元件提供保证；允许使用可燃毒物棒或化学补偿剂；能承受中子注量、温度、压力梯度的作用；

8）为应用堆内仪表和中子源提供保证；

9）适应化学、热工、机械和辐照对材料的要求；

10）为装卸、运输和贮存提供条件；

11）保证堆芯内所有燃料组件的相容性；

12）提供易见的标识。

为了保证满足功能要求，设计者应规定限值。适用于每种设计工况的包括 6 种限值：

1）对与时间无关的效应，应保证一次加二次应力低于材料的强度极限；

2）对承受循环载荷的部件，应保证疲劳损伤因子小于 1；

3）对与时间有关的效应，应在给定应力水平上保证实际工作时间与相应结构件破坏时间比值的累加之和小于 1，蠕变应变与结构蠕变破坏应变比值的累加之和小于 1；

4）引起结构不稳定的载荷应低于该载荷的临界值；

5）部件的循环裂纹生长速率的积分得到的裂纹尺寸，应小于引起突然破坏的裂纹尺寸的临界值；

6）受单一拉伸载荷作用的部件，其最大应力强度应低于相应的临界应力强度。

在此基础上，还针对以下 18 项内容提出了特殊要求：

1）材料性能

材料性能选择时应满足下列准则：基于辐照和未辐照的材料性能来评价部件性能；通过燃料重排列、功率峰和贮能的评价确定辐照引起的燃料密实；采用与部件工作温度相对应的材料性能数据；考虑材料实际工作条件下中子能谱对其性能的影响。

2）腐蚀

在评价燃料组件腐蚀对其性能影响时，应采用如下准则：在能代表反应堆运行的条件下获取燃料组件材料的腐蚀行为特征；计算芯块和包壳温度时，应考虑腐蚀层和水垢层对传热的影响；应考虑制造工艺，如冷加工、热处理、消应力和焊接对腐蚀行为的影响。

3）锆合金氢化控制

应确定燃料和可燃毒物棒中最大可接受的氢含量。

4）微振磨蚀

定位格架用于控制燃料棒和支撑表面之间的相对运动，其设计应防止包壳因微振磨蚀而破损。同时应在符合反应堆运行条件下，通过试验或分析确定格架设计的合理性。而初始设计应遵循如下准则：根据激振频率确定格架间距；验证格架设计的合理性，应考虑引起夹持力变化的各种因素，并规定初始夹持力的范围；考虑燃料组件内和组件间的冷却剂流量再分配；应对包壳磨损及其有关的影响进行分析或试验。

5）燃料组件压紧力

应依据压紧弹簧松弛、组件压降、Ⅰ类工况预计最大流量、组件及支撑结构尺寸公差、组件和堆内构件之间不同的热膨胀、辐照生长等，论证弹簧具有足够的压紧力。

6）燃料棒轴向生长允许量

依据燃料棒和组件之间不同热膨胀、不同辐照生长、尺寸公差、组件轴向压缩和蠕变等，验证燃料棒和组件结构之间有足够的轴向间隙，允许燃料棒生长达到可能产生的最大值。

7）燃料棒内压

燃料棒内压在整个寿期内变化较大。其中蠕变、鼓胀和坍塌引起的内压变化，对燃料棒性能有重大影响。因此计算棒内压应考虑芯块和包壳之间不同的热膨胀、芯块的辐照肿胀和密实、非挥发性裂变产物的积累、预充气体在燃料中的溶解度、芯块碟形和开裂处及开口孔内包含的气体温度与间隙温度的差异、气态裂变产物的释放、包壳辐照生长和蠕变（含热蠕变）、预充气体压力和部件尺寸的偏差、燃料吸收气体的释放等。

8）包壳坍塌

燃料棒设计应使包壳对蠕变等长期效应引起的坍塌不敏感，并应规定坍塌准则。符合该要求的验证应考虑：燃耗和功率对棒内压的影响、燃料辐照密实和预充气体的溶解、功率范围、部件尺寸公差和预充气体压力公差等。

9）棒弯曲

应确定燃料棒可接受的弯曲量。考虑的效应包括局部燃料与慢化剂体积比变化对燃料棒局部峰值功率的影响、子通道流道变化对偏离泡核沸腾（DNB）裕量的影响、棒弯曲大小对控制棒运动的影响。

10）燃料组件弯曲和扭转

在设计中，按照如下因素确定可接受的燃料组件弯曲和扭转数值：装卸和贮存装置能容纳预计最大的弯曲和扭转；弯曲和扭转对控制棒运动的影响；弯曲和扭转对局部功率和冷却剂流量分配的影响。

11）部件冷却流量

应为燃料组件中诸如控制棒、毒物棒、中子源和仪表等其他部件提供足够的冷却。

12）燃料装卸

燃料组件设计应在满足下列要求条件下装卸：按规定标识（如执行ANSI/ANS-57.8-1994 标识标准可满足要求）；能承受正常装卸载荷；易于装卸而不损伤；能承受拆装载荷。

13）芯块－包壳相互作用和包壳应力腐蚀开裂

燃料棒会因芯块－包壳相互作用而破损。应说明评定破损机理的方法，以及可接受的低破损概率的设计特征、反应堆载荷、功率机动动作限制及燃料载荷。

14）应力和应变分析评价

基于应力分析验证燃料组件的完整性，可以参照 2.5.4 节（该节包含了上述 6 项限值）的规定。

15）冷却剂中的异物

燃料组件设计应包括反应堆冷却剂中金属异物的容限。

16）水垢引起的局部腐蚀

燃料组件设计应尽可能地防止水垢沉积引起的负面作用。

17）中间贮存

应考虑辐照过的燃料组件装卸。

18）地震和 LOCA 载荷

应对燃料组件在地震和 LOCA 联合载荷作用下进行分析，保证其损伤不会阻止控制棒插入或达到无法维持可冷却性的程度。

1.3 国内燃料棒性能分析相关法规标准

在核安全法规 HAF102 中，提出了我国燃料棒性能分析基本的要求；在核安全导则 HAD102/07 中，细化了 HAF102 中要求，形成了较为全面的定性准则；而在 EJ/T 323—1998、EJ/T 1029—1996 和 NB/T 20057.3—2012 中，则从热学、力学、内压和腐蚀等方面提出了一些更加具体的燃料棒性能分析的定量准则。

1.3.1 HAF102

在 HAF102《核动力厂设计安全规定》的 6.1.2 节对“燃料元件和组件”提出了 5 项基本要求，这也是燃料棒性能分析定性准则和定量准则的法规依据，这些要求包括：

（1）燃料元件和组件必须设计成能满意地承受伴随在正常运行和预计运行事件中可能发生的各种劣化过程所预计的堆芯内辐照和环境条件；

（2）设计燃料元件时必须考虑下列劣化因素：膨胀差和形变差、冷却剂外压、燃料元件内裂变产物所造成的附加内压、燃料组件中燃料和其他材料的辐照效应、功率变化所造成的压力和温度的变化、化学效应、静载荷、包括流致振动和机械振动在内的动载荷以及可能由变形或化学效应引起的传热性能的变化等。设计必须为数据、计算和制造中的不确定因素留有裕量；

（3）燃料元件在正常运行中不得超过规定的设计限值（包括裂变产物的允许泄漏

量），并且，必须保证可能受预计运行事件影响的各种运行状态不得造成燃料元件显著的进一步劣化。裂变产物的泄漏量必须限于设计限值之内，并保持在最低值；

（4）燃料组件的设计必须考虑到在辐照后对其结构和零件能进行适当的检查。在设计基准事故中，燃料元件必须保持在原位，其变形不得达到有碍于堆芯在事故后保持足够有效冷却的程度，并且不得超过燃料元件在设计基准事故下的规定限值；

（5）在核动力厂整个运行寿期内，即使燃料管理方案改变或运行状态发生变化时，也必须保持上述的反应堆和燃料元件设计的各项要求。

1.3.2　HAD102/07

在 HAD102/07《核电厂堆芯的安全设计》中，对 HAF102 中的法规要求进行了细化，形成了定性准则。HAD102/07 中 3.1.1“燃料元件的设计要求”一节强调燃料元件必须设计成即使可能发生各种劣化过程仍能满意地经受堆内预期的辐照；而且设计必须为数据、计算和制造等方面的不确定因素留有裕量。在上述各项要求的基础上，提出了以下几点具体的关注点。

1. 热效应

评价运行工况下燃料温度时，应该考虑到诸如氧化燃料芯块密实化等引起的芯块热导率的变化和芯块与包壳之间间隙热导率的变化。

通常的做法是把运行工况下的燃料温度限值在燃料熔点之下，然而，考虑到事故工况（诸如失水事故）的影响，对此温度可采用更严格的运行限值。

包壳的强度和腐蚀行为与温度有密切关系。所以对运行工况，可规定其应力、长期变形和腐蚀的限值。在事故工况下，水冷堆中的包壳温度必须按控制包壳鼓胀和锆汽反应的要求予以限制。这些效应不得妨碍安全停堆和保持停堆状态。

2. 裂变产物的影响

燃料元件设计中必须考虑其在堆内停留期间固态和气态裂变产物的影响，以及燃料芯块中裂变气体的迁移及其对内压和芯块包壳交界面之间热传导的影响。设计中还必须考虑到裂变产物对包壳的腐蚀效应。裂变产物引起的燃料材料的肿胀会改变材料的性能（如热导率），并会引起尺寸变化，设计中必须考虑这些变化。

安全分析中，必须考虑反应堆卸压的后果，以保证燃料元件内的气体压力不会对包壳施加不可接受的载荷，通过限制燃料基体中气体的释放，在燃料元件中留有容纳裂变气体的自由空间以及保证包壳在这一过程中仍有足够的强度等措施，可以减少包壳破损的可能性。

3. 辐照效应

设计中必须考虑辐照（特别是快中子辐照）对金属性能，诸如抗拉强度、韧性和蠕变性能的影响。以及对各种材料几何形状稳定性的影响。

堆芯和燃料设计中还必须考虑到铀-235 的燃耗和钚的产生所引起的堆芯和燃料组件内功率分布的变化，以及堆芯反应性和反应性系数的变化。

4. 功率变化效应

功率瞬变期间，由于控制装置的移动或其他反应性的影响所造成的局部或整体的功率变化，可能导致在燃料芯块和包壳上产生应力，即燃料芯块–包壳的相互作用。

必须研究预计的功率瞬变对局部发热率的影响，为了确保燃料具有可接受的完整性，设计应考虑到控制系统动作的情况下，使包壳材料适应应力循环和工作循环的要求。

5. 燃料元件的机械效应

燃料包壳可设计成在受到冷却剂运行压力作用下呈可坍塌的或自立的。可坍塌型包壳在外压作用下迅速贴在燃料芯块上，坍塌的包壳贴在燃料芯块外圈温度较低的部位在其整个寿期内，成为包壳的支撑。对可坍塌型包壳和燃料芯块间的径向间隙必须加以限制，以防止包壳形成轴向凸脊。

自立型包壳能承受外压下的长期变形（蠕变变形）。因这种变形会导致包壳和燃料芯块之间径向间隙的减小。

有些包壳初始是自立的，最终坍塌而贴在芯块上。在其他一些情况下，尤其是冷却剂压力较低或是包壳内预加压的燃料元件，不会发生包壳坍塌。

由局部功率或内部气压的增加所造成的燃料的肿胀或燃料的热膨胀都会引起包壳的应力和变形，因此应加以限制。

对于每种设计，都必须确定因燃料密实化造成燃料芯块之间轴向间隙的允许值或自由空腔的允许长度。

6. 芯块–包壳的相互作用

对于以锆合金作包壳的燃料元件，要特别重视燃料芯块与包壳的相互作用。因为这种作用已成为燃料损坏的原因，在有裂变产物的条件下，应尽量减少由芯块–包壳相互作用造成的应力腐蚀开裂。

7. 燃料元件内可燃毒物的影响

在燃料中混有补偿反应性变化的可燃毒物时，可燃毒物不得影响燃料元件的完整性。其对燃料热性能的变化，以及在化学、机械和金相等方面对燃料和包壳的影响也必须予以适当考虑。同时，应考虑所添加的可燃毒物可能增加燃料基体中挥发性裂变产物的释放。此外，还必须考虑可燃毒物对燃料和慢化剂的反应性温度系数的影响，以及对局部功率峰值因子的影响。

8. 燃料元件的流体环境

燃料元件和燃料组件的设计必须符合在各种运行方式（包括停堆和换料期间）下，均与其所处的正常流体环境相容的要求。环境条件包括局部沸腾、压力、温度和化学等效应，但并不限于这些效应。

评价热特性时，必须考虑环境造成的变化，因它会使燃料元件的热阻增加。这些变化包括包壳外表面的氧化或其他化学变化（腐蚀）以及在包壳表面上杂质的沉积。就表面氧化和杂质的沉积确定其适当保守的设计参数时，应考虑燃料在正常运行工况下环境条件的变化范围。所采用设计参数应以实际经验或相应于运行工况的试验数据为依据。

9. 氢脆

为减少运行期间由氢脆引起燃料损伤的可能性，必须限制锆合金包壳中的氢含量。因此，必须控制燃料元件自由空间中的水分含量。

10. 与其他章节接口

除了上述各项内容外，在3.1.2节“燃料组件机械方面的安全设计要求”中对燃料组件施加在燃料元件上的载荷进行了讨论，可以帮助燃料元件机械效应的分析；而在附录Ⅱ“芯块–包壳相互作用”中，对锆合金和钢制包壳与芯块的作用机理和设计要求进行了阐述，附录Ⅱ中的内容可以用于燃料元件机械效应、芯块–包壳的相互作用等内容的分析。

1.3.3　技术文件和标准

在EJ/T 323—1998《压水堆核电厂燃料组件设计准则》、EJ 622—1992《反应堆燃料元件术语》和NB/T 20057.3—2012《压水堆核电厂反应堆系统设计堆芯　第3部分：燃料组件》等文件中，对燃料棒性能提出了一些定量准则。各个文件的要求虽然有所差异，但总体而言仍然有很多相似之处。本节中列出了较为典型的定量准则。

1. 包壳自立准则

寿期初功率运行时最大冷却剂压力下和热态水压试验中，燃料棒包壳应是自立的。

包壳自立准则可以防止包壳在冷却剂压力作用下发生弹性失稳现象。需要注意的是，冷却剂压力最大时不一定造成包壳坍塌。包壳坍塌现象通常发生在寿期初，此时燃料棒内压较低，包壳内外压差最大。

在设计验证中，通过计算热态水压试验和寿期初包壳坍塌的临界压差，可以判断包壳能否保持自立。

2. 包壳蠕变坍塌准则

在整个设计寿期内，燃料棒包壳不应发生蠕变坍塌。

芯块密实化和轴向收缩现象会在燃料棒内部形成轴向间隙。在冷却剂压力、温度作用和中子注量共同作用下，包壳会产生蠕变变形并在燃料棒气腔和轴向间隙等失去支撑部位发生失稳坍塌。发生蠕变坍塌会进一步限制燃料芯块生长、并使包壳承受较大的应力甚至导致破损。包壳蠕变坍塌准则可以保证包壳在整个设计寿期内保持塑性稳定。

包壳蠕变坍塌准则可以通过包壳蠕变坍塌分析软件进行验证。蠕变坍塌软件用于计算包壳产生蠕变坍塌的临界时间，进而评价包壳在寿期内是否会发生蠕变坍塌。包壳蠕变坍塌分析过程中经常采用弹性稳定性准则、辐照材料屈服强度准则和椭圆度变化速率的坍塌准则。

3. 包壳应力准则

在整个设计寿期内，包壳的体积平均有效应力不应超过考虑了温度和中子辐照影响的包壳材料屈服强度。

包壳应力准则可以保证在燃料棒设计中，包壳不会出现全面屈服。准则中体积平均有效应力是指：包壳在内外压差和芯块–包壳接触压力等载荷作用下形成的径向、切向和轴向应力分量，应用最大变形能理论，通过包壳壁厚积分得到的等效应力。

由于在功率瞬态中包壳承受较大的周向应力，容易造成 PCI 引起的包壳破损。因此，包壳应力准则可以通过功率瞬变试验测量得到的包壳破损情况进行验证。

4. 包壳应变准则

在整个寿期内，稳态运行，从未辐照状态算起的包壳周向拉伸应变（塑性应变和蠕变）通常应低于 1%；对于每一个瞬态事件，包壳周向拉伸应变（弹性、塑性应变和蠕变）通常不应超过由当时稳态工况算起的应变的 1%。

包壳应变准则包括两个部分：

燃料棒在运行中，包壳会因内外压差变化、芯块包壳接触后芯块的固体肿胀和热膨胀等因素的长期作用而发生塑性应变。准则的稳态周向应变限值可以防止包壳经历辐照、氧化、吸氢作用后，在延性下降后因应变过大而破损。

此外，在瞬态工况，包壳还会承受瞬态下 PCI 载荷，准则的瞬态应变限值，用来限制瞬态功率增加速度和幅度，从而避免包壳在瞬态作用下因应变过大而破损。

包壳应变准则可以通过稳态和功率斜坡（RAMP）试验的包壳外径测量数据进行验证。在考虑不确定性后，燃料棒性能分析软件的包壳外径计算结果应足够保守。

5. 包壳疲劳准则

燃料棒包壳累积的应变疲劳损伤因子小于 1。其中允许循环次数取下列较小者：

1）在实际应力幅值下达到破坏时的循环次数除以 20；

2）在 2 倍实际应力幅值下达到破坏时的循环数。

包壳疲劳准则用以限制功率循环所致应力与应变的积累效应。保证包壳在循环载荷作用不发生疲劳破损。

基于燃料棒性能分析软件的力学分析结果，结合材料的应力幅值－循环次数曲线，可以对包壳材料的包壳疲劳进行验证。

6. 包壳腐蚀和磨蚀准则

设计寿期末，包壳均匀腐蚀深度或磨蚀深度应小于包壳名义壁厚的 10%。

包壳会因磨蚀腐蚀生成氧化膜而使壁厚减薄，并进一步提高金属与氧化膜界面的温度，这又会导致腐蚀加速，最终会包壳壁面过薄造成包壳强度不足而引起包壳破损。包壳腐蚀和磨蚀准则用以限制包壳腐蚀和磨蚀程度。

包壳腐蚀和磨蚀准则可以通过池边检查等包壳腐蚀层厚度测量数据进行验证。在考虑不确定性后，燃料棒性能分析软件的腐蚀层厚度计算结果应足够保守。

7. 包壳温度准则

对于锆－锡合金，包壳表面（氧化物与金属界面处）温度准则如下所述：

对稳态运行，锆－锡合金包壳表面温度不应超过 400 ℃；

对于短期瞬态运行，锆－锡合金包壳表面温度不应超过 425 ℃。

其他锆合金包壳按相关规定执行。

包壳的腐蚀和吸氢均与包壳温度关系密切，随着温度升高，包壳氧化速度加快。包壳温度准则通过限制包壳表面温度来避免由于包壳加速氧化导致的失效。EJ/T 323—1998 增加了包壳温度准则，同时删除了包壳氢含量应低于 250 μg/g 的包壳吸氢准则。

对于现有包壳而言，温度准则较为保守，可以被其他准则包络，但在燃料棒性能分析过程中仍然需要予以考虑。

8. 燃料温度准则

燃料芯块的最高温度应低于相应的熔点，熔点的取值应考虑到燃耗等因素的影响。

燃料芯块熔化会造成燃料体积显著膨胀，产生过量的裂变产物释放，并因为燃料－包壳相互作用造成的包壳完整性丧失。燃料温度准则通过限制燃料芯块温度来保证包壳的完整性。对二氧化铀芯块而言，其熔点随燃耗加深而下降，一般为每 10 GWd/tU 下降 32 ℃，一般假定辐照后的二氧化铀芯块熔点为 2 590 ℃。

燃料温度准则可以通过稳态和瞬态试验的芯块中心温度测量数据进行验证。在考虑不确定性后，燃料棒性能分析软件的芯块中心温度计算结果应足够保守。需要注意的是，不应只关注高燃耗下的燃料棒芯块温度测量数据，还应关注寿期初芯块－包壳接触前芯块中心温度的测量数据。此时由于芯块–包壳接触前间隙气体导热系数较低，会导致芯块温度较高。

9. 燃料棒弹簧准则

在辐照前的制造、运输和操作过程中，燃料棒气腔中设置的弹簧应使二氧化铀芯块柱受到4g（g为重力加速度）轴向加速度时不发生轴向窜动。

燃料棒弹簧准则用来保证燃料组件入堆前芯块的完整性。

由于该准则不是Ⅰ、Ⅱ类工况的准则，因此不属于燃料棒性能分析软件的关注范围。

10. 燃料棒内压准则

在整个设计寿期内，燃料棒内压应低于能使燃料芯块–包壳接触后重新出现径向间隙或者使间隙变大的值。

燃料棒堆内运行过程中，由于裂变气体释放和燃料棒自由空间的减小，燃料棒内压不断上升。如果内压过大导致包壳蠕变速率超过芯块肿胀速率。那么芯块–包壳间隙会重新打开或变大，这会造成芯块温度升高进而加速释放裂变气体。燃料棒内压准则用来保证芯块–包壳间隙不会变大。需要说明的是，内压准则并不要求燃料棒内压高于冷却剂的压力。

燃料棒内压准则可以通过燃料棒内压的测量数据进行验证。但在实践中，通常燃料棒内压数据较少，因此需要通过裂变气体释放和燃料棒自由空间体积等实验数据进行补充验证。

11. 燃料棒当量水含量准则

在反应堆稳态额定功率运行工况下，燃料棒内热空间的当量水含量应低于2 mg/cm^3。所谓自由热空间包括轴向气腔、芯块–包壳环形间隙、芯块碟形、芯块倒角、芯块开气孔体积、芯块中心开孔空间。

芯块吸收的水分入堆释放后，会因辐照效应产生氢，并被包壳吸收。氢化锆产生后，包壳会在很低应力下就发生破损。燃料棒当量水含量准则是根据轻水堆燃料棒运行经验提出来的，用于防止燃料棒锆锡合金包壳一次氢化破损。

该准则一般不在燃料棒性能分析软件的关注范围。

1.4　软件评价相关法规标准

2017年，为了配合自主化安全分析软件评价工作，国家核安全局发布了导则《核动力厂安全分析用计算机软件开发与应用》以及《核动力厂安全分析用计算机软件评价实施办法》。这两个技术文件是燃料棒性能分析软件评价的基础。

1.《核动力厂安全分析用计算机软件开发与应用》

《核动力厂安全分析用计算机软件开发与应用》为核动力厂安全分析用计算机软件的开发及其应用提供指导，以确保核动力厂安全分析的质量和可靠性，是对 HAF102《核动力厂设计安全规定》中有关条款的说明和补充。在该导则中，论述了核动力厂安全分析所使用的计算机软件的开发与评估方法和应用原则，及验证与确认和质量保证的要求。

《核动力厂安全分析用计算机软件开发与应用》由引言、安全分析用计算机软件的范围及要求、评价模型开发与评估过程的方法、安全分析用计算机软件开发的验证与确认、安全分析用计算机软件开发的质量保证、评价模型的应用、名词解释和附件组成。

1）引言：明确了《核动力厂安全分析用计算机软件开发与应用》的目的和范围；

2）安全分析用计算机软件的范围及要求：本章包括安全分析用计算机软件的范围、评价模型的概念和评价模型的类型。在安全分析用计算机软件的范围中提出了 9 类核动力厂安全分析用的计算机软件，其中包含模拟核动力厂正常运行期间及事故后燃料元件的行为的燃料行为程序。燃料行为程序既包括用于燃料棒Ⅰ、Ⅱ类工况分析的燃料棒性能分析程序，也包括用于Ⅲ、Ⅳ类工况分析的燃料棒事故分析程序。本书的主要研究对象为前者：即燃料棒性能分析程序；

3）评价模型开发与评估过程的方法：本章分为方法概述、评价模型开发基本原则、建立评价模型能力需求、开发评估基准、开发评价模型、评估评价模型的适宜性、适宜性评定、评价模型开发与评估过程的裁剪应用、通用安全分析程序的特殊应用；

4）安全分析用计算机软件开发的验证与确认：本章分为概述、需求的验证和确认、设计的验证和确认、编码实现的验证和确认、测试的验证和确认、模型评估的验证和确认、安装和检验的验证和确认、运行的验证和确认以及维护的验证和确认；

5）安全分析用计算机软件开发的质量保证：本章由质量保证大纲的要求、文件控制、配置管理、工具评定、纠正措施、第三方评定、开发和评估过程的计划、评价模型开发文件等部分组成，本书质量保证章节将对本章相关法规进行详细分析；

6）评价模型的应用：本章包括概述、保守评价模型和最佳估算评价模型几部分。燃料棒性能分析程序大多数采用最佳估算评价模型，该评价模型应开展敏感性分析和不确定性分析。6.3.6.6 节应考虑的不确定性中要求考虑燃料行为参数的不确定性，包括燃料导热率、间隙宽度、间隙导热率、功率峰值因子等；

7）名词解释；

8）附件Ⅰ“EMDAP 方法对 9 类安全分析程序的适用性说明”：对导则第 3 章所推

荐的 EMDAP 方法 4 个要素、23 个步骤对不同程序的适用性进行了说明。表 1-1 中为 EMDAP 方法对燃料行为程序的适用性。

表 1-1 EMDAP 方法对燃料行为程序的适用性

EMDAP 方法的要素与步骤		燃料行为程序的适用性
要素一：建立评价模型能力需求	步骤 1：定义分析目的、工况类别和核动力厂类型	适用
	步骤 2：定义性能指标	适用
	步骤 3：识别需要模拟的对象	适用
	步骤 4：识别重要现象和过程	可能适用
要素二：开发评估基准	步骤 5：定义评估基准目标	适用
	步骤 6：开展比例分析并确定相似准则	不适用
	步骤 7：鉴别已有实验数据，开展新增实验，完成数据库	可能适用
	步骤 8：评估整体效应实验的失真度和分离效应实验的比例放大能力	不适用
	步骤 9：确定实验数据的不确定性	可能适用
要素三：开发评价模型	步骤 10：建立评价模型开发计划	适用
	步骤 11：建立计算子块的需求	适用
	步骤 12：确定理论模型及计算方法，建立体系结构	适用
	步骤 13：设计	适用
	步骤 14：编码实现	适用
	步骤 15：集成与测试	适用
要素四：评价模型的适宜性	步骤 16：确定模型的来源及其模拟物理过程的可用性	适用
	步骤 17：评估模型的保真度或准确度	不适用
	步骤 18：评估模型的比例分析能力	不适用
	步骤 19：确定场方程的能力和数值求解方法的能力	适用
	步骤 20：确定评价模型模拟系统部件的可用性	不适用
	步骤 21：评估系统相互间的作用及其整体能力	不适用
	步骤 22：评估整体计算的比例分析能力以及数据的失真度	不适用
	步骤 23：确定评价模型的偏差和不确定性	适用

2.《核动力厂安全分析用计算机软件评价实施办法》

为了规范安全分析软件的评价工作，明确评价的适用范围、申请条件和评价要求，国家核安全局制定了《核动力厂安全分析用计算机软件评价实施办法》。该办法适用于包含燃料行为程序在内的核动力厂设计基准事故分析及相关安全分析领域中使用的安全分析软件。

《核动力厂安全分析用计算机软件评价实施办法》主要由总则、职责、安全分析软件评价的申请、安全分析软件评价的要求、附则和附录构成。

1）总则：描述了制定该文件目标、依据、适用范围等内容。在总则中再次明确了模拟核动力厂正常运行期间及事故后燃料元件行为的燃料行为分析软件（包括燃料元件性能分析软件等）属于软件适用性评价范围；

2）职责：明确了国家核安全局、专家委员会、技术支持单位和软件申请者的职责；

3）安全分析软件评价的申请：对申请评价软件的版本、著作权、质量保证、申请时应提交的材料以及对材料的要求进行了规定。在提交燃料棒性能分析软件评价相关材料时，版本需要固化、保证拥有合法的著作权、遵守质量保证规定，提出安全分析软件评价的申请时，应同时提交软件需求报告、软件开发质量保证报告、软件验证和确认报告、软件理论手册、软件应用对象报告、软件自评价报告以及软件的固化版本等申请材料；

4）安全分析软件评价的要求：明确了安全分析软件评价重点：包括安全分析软件的功能和应用范围、开发过程的质量保证体系、重要物理现象的识别、物理模型建立和验证、计算模型的合理性以及不确定性和敏感性等；

5）附则：明确国家核安全局负责本办法的解释，并根据实施情况不定期地进行修订或升版；

6）附录：包含《安全分析软件应用对象报告大纲》以及各类软件的《自评价报告大纲》模板。

附录 1 为《安全分析软件应用对象报告大纲》模板，包括引言、燃料组件介绍、反应堆堆芯介绍、反应堆冷却剂系统介绍、主蒸汽系统介绍、给水系统介绍、辅助系统介绍、专设安全设施介绍、安全壳介绍、反应堆控制和保护系统介绍、其他、结论和参考文献。不同类型软件根据软件特征对上述内容进行描述。对于燃料棒性能分析软件，应重点描述引言、燃料组件介绍、结论和参考文献部分。

第一章引言：包括安全分析软件介绍和应用对象总体介绍：

1）安全分析软件介绍：介绍安全分析软件的类型、主要功能和应用范围；

2）应用对象总体介绍：介绍应用对象的总体情况和主要设计参数（环路布置、功率、压力、堆芯进出口温度、组件数量、给水流量、蒸汽流量等）；

第二章燃料组件介绍，燃料组件的介绍应包括但不限于以下内容：

1）总体参数：燃料组件型号、形状尺寸、燃料棒及控制棒数目、燃料棒间距、燃料棒最大燃耗深度等；

2）燃料组件格架参数：格架形状、轴向位置及长度、材料、质量等；

3）燃料芯块参数：类型、密度、富集度、尺寸、蝶形/倒角空间份额等；

4）燃料棒参数：活性区长度、包壳尺寸/材料、预充气体等；

5）可燃毒物棒参数：可燃毒物类型、吸收体材料/含量、尺寸、包壳材料、组件内位置等；

6）控制棒参数：尺寸、吸收体材料/尺寸、包壳材料、组件内布置等；

7）其他：导向管/测量管参数、循环周期、快中子/热中子注量等。

第十二章结论：简要描述软件功能、应用范围与应用对象的适用性。

此外《安全分析软件应用对象报告大纲》还应列出参考文献。

《核动力厂安全分析用计算机软件评价实施办法》附录6为《燃料行为分析类安全分析软件自评价报告大纲》模板，由引言、软件理论模型描述、确认矩阵、确认结果、不确定度分析及敏感性分析、总结和参考文献等章节构成。

第一章引言，包括背景介绍、基本功能、应用范围和应用对象：

1）背景介绍：介绍燃料行为分析类安全分析软件自评价报告的目的；

2）燃料行为分析软件基本功能：介绍燃料行为分析软件的基本功能；

3）燃料行为分析软件应用范围：介绍燃料行为分析软件的应用范围；

4）燃料行为分析软件应用对象：介绍燃料行为分析软件在本次申请中的应用对象。

第二章燃料行为分析软件理论模型描述，包括理论模型总体介绍、关键理论模型数值计算方法和关键理论模型的自评价：

1）理论模型总体介绍：总体介绍燃料行为分析软件的理论模型及计算流程；

2）关键理论模型数值计算方法描述：详细描述燃料行为分析软件模型及数值计算方法；

3）关键理论模型的自评价：对燃料行为分析软件关键理论模型的正确性、合理性及适用性进行自评价。

第三章燃料行为分析软件的确认矩阵，包括确认矩阵的建立原则、确认用例、确认矩阵和确认矩阵的自评价：

1）燃料行为分析软件确认矩阵的建立原则：介绍燃料行为分析软件确认矩阵的建立原则，确定软件功能特征、应用范围、输出参数等确认项与确认用例的对应关系；

2）燃料行为分析软件的确认用例：描述燃料行为分析软件确认用例，确认用例可包括基准题、实测数据（试验数据或电厂运行数据）等；

3）燃料行为分析软件的确认矩阵：以表格形式详细描述燃料行为分析软件确认矩阵，矩阵应针对燃料行为分析软件的确认项逐项列出对应的确认用例；

4）燃料行为分析软件确认矩阵的自评价：对确认矩阵的充分性、合理性进行自评价。

第四章燃料行为分析软件的确认结果：根据确认用例对燃料行为分析软件所采用的模型（如传热模型、力学模型、包壳腐蚀和吸氢模型、裂变气体释放模型等）进行确认，并对确认结果进行分析。

第五章燃料行为分析软件的不确定度分析及敏感性分析：详细描述不确定度分析方法，并对其合理性进行评价，给出不确定度分析结果。给出软件输入变量、模型参数等对计算结果影响的敏感性分析。

第六章总结：总结说明燃料行为分析计算机软件的确认结果，证明其满足评价要求，在申请的应用范围内可用于燃料行为分析计算。

此外，《燃料行为分析类安全分析软件自评价报告大纲》还应列出参考文献。

参考文献

［1］ 核电厂安全分析报告的标准审查大纲：NUREG-0800［R］. 2007.

［2］ 轻水反应堆燃料组件的结构设计和评估：ANSI/ANS 57.5［R］. 1996.

［3］ 核动力厂设计安全规定：HAF102［Z］. 2016.

［4］ 核电厂堆芯的安全设计：HAD102/07［Z］. 1989.

［5］ 核动力厂安全评价与验证：HAD102/17［Z］. 2006.

［6］ 压水堆核电厂燃料组件设计准则：EJ/T 323［S］. 1998.

［7］ 反应堆燃料元件术语：EJ 622［S］. 1992.

［8］ 压水堆核电厂反应堆系统设计堆芯　第 3 部分：燃料组件：NB/T 20057.3［S］. 2012.

［9］ 核动力厂安全分析用计算机软件开发与应用（试行）［R］. 2017.

［10］ 核动力厂安全分析用计算机软件评价内部管理工作程序［R］. 2017.

［11］ 核动力厂安全分析用计算机软件评价实施办法［R］. 2017.

［12］ 刘承新. 压水堆燃料组件机械设计和评价［J］. 核工程研究与设计，1996（18）：2.

［13］ 刘承新，宓培庆. 压水堆燃料棒设计准则分析［J］. 核标准计量与质量，1998（3）：5.

［14］ 刘承新，宓培庆. URD 有关燃料系统要求的评述［J］. 核标准计量与质量，2000（1）：10.

第二章　软件评价概述

本书中所指的软件评价，是指为保证核安全分析的准确性、可靠性和稳定性，在核动力厂安全分析用软件开发完成后，由核安全监管部门对软件的可靠性和正确性、软件的适用性、软件的测试、验证和确认工作的完整性等方面所开展的评价工作。

本书燃料棒性能分析软件适用性评价限于以下范围：

1）适用于分析Ⅰ、Ⅱ类工况下燃料棒热力学行为的软件，不包括燃料棒事故分析软件；

2）软件适用性评价的对象是评价模型：软件评价模型既包括分析程序和相关理论模型，也包括计算在特定工况下燃料棒性能参数所需要的其他所有信息；

3）软件适用性评价针对特定的应用对象开展：软件适用的芯块类型、包壳类型，以及燃耗、线功率密度、燃料富集度、燃料初始密度等参数的适用范围需要涵盖应用对象的相关参数范围。

本章对燃料棒性能分析软件评价的主要内容（包括评价目的、评价原则、评价方法、重点问题、评价准则和评价结论）进行概述，建立软件适用性评价工作的整体框架，为后续各项具体工作提供方向指引和基本原则。

2.1　评价目的

燃料棒性能分析软件评价的目的是评估软件计算的芯块类型、包壳类型、燃耗、线功率密度、燃料富集度（质量分数）、燃料初始密度等参数适用范围和边界条件是否与软件的应用对象一致；评估为实现计算功能而采用的热学、力学、裂变气体释放、内压、腐蚀和吸氢等计算模型是否合适；核实软件不确定性分析方法和芯块中心温度、包壳应变、内压、腐蚀等参数的不确定度是否合理；评价软件的开发过程质量保证是否完善。具体而言，包括以下几点内容。

1. 质量保证

燃料棒性能分析软件质量保证评价的是为了确保软件研发过程所遵守的法规标

准、人员的职责与分工、研发过程质量控制、生命周期的管理方法等方面的合规性。

燃料棒性能分析软件的质量保证应满足文件控制、配置管理、工具评定、纠正措施、第三方评定、开发和评估过程计划和评价模型开发文件等方面的要求。

2. 理论模型

燃料棒性能分析软件理论模型评价的目的是保证理论模型与应用对象所采用的芯块类型、包壳类型相适应；热学、力学、裂变气体释放、内压、腐蚀和吸氢等理论模型经过充分确认；确认范围涵盖了应用对象的燃耗、线功率密度、燃料富集度（毒物质量分数）、燃料初始密度等参数范围。

3. 软件验证

软件验证（即软件测试）评价的目的是保证软件测试的完整性和正确性。

评价过程中应关注测试用例、测试人员配备、测试方法、测试工具、测试风险分析等内容。在过程上应包含测试策划、测试设计、测试执行、测试总结等几个阶段，特别应重点审查其中的静态测试、代码走查、回归测试等内容，同时还应关注“边界条件”“差错处理”“性能测试”等内容。

根据信息系统软件开发的一般测试流程、通用测试工具、测试方法、测试组织方式，以及尽早不断测试、独立测试、合法和非合法、严格性、覆盖性、定义功能测试、错误不可避免等原则，对软件测试工作的评价。

4. 软件确认

软件确认评价的最终目的是审查申请者声明软件具备的各项功能在应用范围内确认的合理性。为了实现这一目的，应重点关注实现每项功能所需理论模型确认的完整性和充分性。理论模型确认的完整性即实现功能所需所有理论模型全部被确认。理论模型确认的充分性即实现功能所需全部理论模型的确认范围能够完全覆盖软件应用范围。评价人员基于申请者提交的确认数据对各功能理论模型确认的完整性和充分性进行评价。

软件完整性的评价流程为，通过逐项分析软件功能，确定其所需要的基本理论模型的完整性；通过计算值与典型实测数据的对比结果，评价该实现功能所需理论模型的适用性；核实理论模型是否全部得到了确认。

软件某项功能确认充分性的评价流程如下：基于申请者提交的确认数据，分析该功能关注的特征参数，评价确认数据能否覆盖该软件功能的应用范围。基于确认数据对应用范围的适用性和功能所需理论模型的完整性和正确性，评价该功能在应用范围的确认是否合理。

5. 不确定性分析和敏感性分析

对于采用最佳估算评价模型的燃料棒性能分析软件应进行不确定性分析，以评估计算结果的不确定性，保证计算结果满足验收准则。不确定性分析评价的目的，是保证模型参数、几何参数等影响因素不确定性的合理性，以及不确定性组合方式的正确性。此外，还需要开展敏感性分析评价，重点关注对计算结果影响较大的因素。燃料棒性能软件的不确定性分析范围，应涵盖所有关键参数。对于每个关键参数，应通过敏感性分析筛选出对结果影响较大的因素，作为该参数不确定性分析的关注对象。

6. 评价计算

评价计算包括复核验算和校核计算。

复核验算的目的是通过计算保证确认算例结果的正确性。为达到上述目的，复核验算应满足以下要求：

1）验算算例的选择应尽可能包含芯块温度、包壳应变、裂变气体释放、燃料棒内压、包壳腐蚀等不同参数的计算和不确定性分析；

2）验算算例的选择应尽可能包含不同的工况、不同的芯块材料和不同的包壳材料，并能涵盖燃料棒性能分析软件的富集度范围、燃料棒线功率范围、初始密度范围和燃耗范围；

3）开展验算前，应对输入卡的辐照数据、燃料棒参数以及模型参数等输入进行审查，保证输入参数与算例输入条件的一致性；

4）验算的审查重点是算例输出的计算结果与申请方确认结果的一致性。如果计算结果有差异，需要申请方进行进一步解释。

校核计算的目的是通过独立建模计算审查确认算例假设的合理性、输入的可信性和结果的正确性。评价人员依据基准题、试验验证数据原始资料、辐照历史、燃料棒参数等资料开展校核计算。校核计算应满足以下要求：

1）燃料棒性能分析校核计算主要采用独立建模计算方式进行，独立建模时应合理地选择芯块参数、燃料棒参数、热工水力参数、辐照历史参数以及模型选项等输入；

2）燃料棒性能分析校核计算时应关注燃料棒性能分析的基本假设、边界设定、数值计算方法，以及所使用的力学、热学、裂变气体释放及内压、腐蚀吸氢等物理模型和经验参数选取的正确性和合理性；

3）燃料棒性能分析校核计算应适当开展敏感性分析、不确定性分析，分析包壳间隙、芯块密实、芯块肿胀、芯块密度、包壳蠕变、包壳腐蚀、初始气腔长度、裂变气体释放等因素对关键准则参数的影响。

2.2 评价原则

软件评价的对象是评价模型。燃料棒性能分析软件评价模型既包括燃料棒性能分析程序和相关理论模型，也包括计算在特定工况下燃料棒性能参数所需要的其他所有信息。

软件评价工作只针对特定评价模型是否能够模拟特定电厂的特定工况。因此，软件评价的对象应该是固化版本的程序，包括可执行文件、相关输入参数、网格划分情况、模型选取和假设等信息。

软件评价过程中应该关注质量保证、理论模型、需求分析、程序适用范围、验证确认的完整性和充分性，以及程序的不确定性。

软件评价是一个伴随整个软件生命周期的活动，软件评价开始前应制定评价时间安排计划，但该安排不作强制性要求，应保证在现有的认知条件下对程序进行了充分的审查。

申请方提交的软件中所引用的参考文献和其他支撑材料需要能够提供审评方审查，审评方可以采用要求申请方提交、现场审查等方法开展工作。

2.3　评价方法

燃料棒性能分析软件评价方法包括形式审查、文件审评、复核验算和校核计算。

2.3.1　形式审查

形式审查的主要目的是对申请者所提交的文件进行初步审查，以评估申请方所提交的文件是否满足《核动力厂安全分析用计算机软件评价实施办法》（以下简称《实施办法》）的要求，提交的文件是否完整，是否按照《实施办法》中所要求的格式编写相关报告。

在形式审查阶段，重点关注以下问题：

1）申请方是否提交了完成所有软件开发步骤的固化版本；

2）申请方是否提供了燃料棒性能分析软件的著作权或著作权授权书，申请方是否对相关试验数据、模型等拥有版权或合法使用权；

3）申请方是否提交了能够证明燃料棒性能分析软件开发过程遵守相应质量保证文件要求的证据；

4）申请方是否提交了申请者信息、燃料棒性能分析软件信息、质量管理情况概述和文档清单；

5）申请方是否按照《实施办法》的格式要求提供了全部报告；

6）申请方提供的报告内容是否涵盖了《实施办法》中所要求的全部内容。

2.3.2 文件审评

文件审评是审查申请者所提交文件内容的完整性、合规性、准确性、适用性等。文件审评重点关注燃料棒性能分析软件的功能和应用范围、开发过程的质量保证、重要物理现象的识别、物理模型建立和验证、软件确认的充分性、计算模型和计算方法的合理性、不确定性及敏感性等。

文件审评的范围包括软件需求报告、软件开发质量保证报告、软件验证和确认报告、软件理论手册、软件应用对象报告、软件自评价报告以及软件的固化版本等申请材料。各个文件审评的重点如下：

1）软件需求报告应包括燃料棒性能分析软件编写的目的、需求、功能以及应用对象等内容；

2）软件开发质量保证报告应包括燃料棒性能分析软件的基本状况、软件研制过程中的技术状况、软件研制过程中的质量保证情况、软件研制过程中的问题处理情况、软件的鉴定和验收情况、软件的审核和检查情况、与软件质保相关的需求分析以及测试验证总体情况等；

3）软件验证和确认报告应包括软件验证和确认的主要内容；

4）理论手册应详细描述软件所采用物理模型（计算模型）、数值计算方法、经验关系式、接口描述以及输入输出实现等；

5）软件应用对象报告应详细说明燃料棒性能分析软件应用对象的总体情况以及主要设计参数等内容，其格式与内容可参考《实施办法》附录 1（本书“软件评价相关法规标准”一节对该附录有详细描述），对于燃料棒性能分析软件，应重点描述引言、燃料组件介绍、结论和参考文献部分；

6）软件自评价报告是对燃料棒性能分析软件评价相关信息的自评价总结，燃料棒性能分析软件自评价报告的格式与内容可参考《实施办法》附录 6（本书“软件评价相关法规标准”一节对该附录有详细描述）；

7）软件的固化版本应包括软件可执行文件、相关输入参数、网格划分情况、模型选取和假设等；

8）根据燃料棒性能分析软件评价的需要，还可以要求申请者提供以下方面的资料：开发过程中生成的并已存档的技术和管理文档，如技术流程、方案规定的各类文件、非一致性处理报告、计算机软件问题报告单及计算机软件变更报告单等；软件开发和验证相关的试验资料等；软件应用成果文档和报告；软件用户指南和使用手册。

2.3.3 复核验算

复核验算是评价人员通过复算，验证申请者提交的确认算例计算结果的一致性。依据申请者提供的输入卡信息，根据以下原则，选取一定比例的算例，开展复核验算：

1）来源文件可靠，模型描述完整，参考解明确；

2）覆盖软件的各理论模型；

3）覆盖软件功能要求的主要计算结果；

4）选取与应用对象符合较好的模型。

复核验算的目的是通过计算保证确认算例结果的准确性。燃料棒性能分析软件复核验算应重点关注以下内容：

1）复核验算算例的选择应满足冷却剂–包壳换热模型、芯块包壳间隙传热模型、芯块传热模型、包壳蠕变模型、包壳辐照生长模型、包壳塑性形变模型、芯块密实模型、芯块肿胀模型、芯块重定位模型、裂变气体释放模型、内压模型、腐蚀模型和吸氢模型等重要理论模型验证要求，以及芯块中心温度、包壳应变、包壳应力、裂变气体释放、内压、包壳腐蚀、包壳吸氢和燃料棒辐照生长等主要参数及其不确定性分析的评价要求；

2）复核验算算例的选择应并尽可能涵盖软件应用对象燃料棒性能分析所需的芯块类型、包壳类型、燃耗、线功率密度、燃料富集度（质量分数）、燃料初始密度等参数范围；

3）开展复核验算前，应参考验证算例模型描述的原始文件，对输入卡的冷却剂参数、冷却通道参数、辐照历史、辐照参数分布、材料类型与材料参数、燃料棒几何参数、预充气体参数、包壳参数、芯块参数等输入进行审查，保证输入参数的正确性与适用性；

4）复核验算的审查重点是算例输出的计算结果与软件申请方提供的结果是否一致。如果计算结果有差异，应从模型描述、输入参数、计算假设等方面找出具体原因；

5）复核验算中适当开展敏感性分析和不确定性分析，应重点关注芯块–包壳间隙、燃料密度、气腔长度等输入参数，以及芯块密实、包壳蠕变、裂变气体释放、包壳腐蚀等模型参数对不确定性分析结果的影响。

2.3.4 校核计算

校核计算是评价人员通过对软件自评价报告中未覆盖的确认用例工况或者评价人

员拥有的不同确认用例工况，利用申请方所提供的软件固化版本进行独立建模和计算，进一步评估软件的计算准确性。

校核计算的目的是通过独立建模计算审查确认算例中假设的合理性、输入的可信性、结果的正确性和不确定性分析的可接受性。

根据燃料棒性能分析软件的评价需要，审评人员在软件适用范围内选取一定数量的算例，根据所选算例的辐照信息、燃料棒特性和输入参数，利用申请方所提供的软件固化版本进行独立建模和计算，并将计算结果与试验结果直接进行对比，以验证软件的计算结果与燃料棒堆内实际的性能参数的相符性。

开展燃料棒性能分析软件校核计算具体方案如下：

1）评价人员通过对芯块类型、包壳类型、富集度、燃耗和线功率密度等参数进行筛选，从算例中选取参数范围和试验结果适用于应用对象的基准题或试验作为校核计算内容；

2）评价人员根据冷却剂及冷却通道参数、辐照参数、预充气体参数、几何参数、材料参数、计算工况、保守假设等信息，使用燃料棒性能分析软件进行独立建模计算；

3）通过对比芯块中心温度、包壳应变、裂变气体释放、内压、包壳腐蚀等参数的校核计算结果与试验数据的符合性，进一步分析燃料棒性能分析理论模型的正确性以及计算的准确性。

2.4 重点问题

燃料棒性能分析软件评价过程中，应重点评价软件功能的合理性、应用范围的正确性以及与应用对象的符合性。

评价人员应确认软件的需求与功能是否匹配，软件的功能是否能够模拟应用对象设计并覆盖燃料棒性能分析中的所有参数及现象。此外还需明确软件在功能、接口及其他各方面的需求，以评估软件的设计开发是否按照实际的需要进行。

基于燃料棒性能分析软件的功能，在开展软件评价的过程中应重点关注软件评价模型的选择、质量保证的合规性、需求的明确性、功能的完整性、理论模型的适用性、适用范围的合理性、验证与确认的充分性、确认数据的有效性、不确定性分析与敏感性分析的合理性等问题。

1. 评价模型的选择

燃料棒性能分析软件的评价模型可采用保守评价模型或最佳估算评价模型。对不同类型的评价模型应从计算机程序、保守假设、初始条件和边界条件等方面分别进行评价。

对于燃料棒性能分析软件的评价模型，应关注评价模型的类型和完整性。评价模型的完整性决定评价模型是否符合相关法规的要求。

2. 质量保证的合规性

燃料棒性能分析软件质量保证的合规性应从软件研发过程所遵守的法规标准、人员的职责与分工、研发过程质量控制、生命周期的管理方法等方面进行评价。

对于燃料棒性能分析软件的开发过程的质量保证体系，应关注质量保证体系的完整性以及文档资料的完备性。质量保证体系评价的主要关注点包括软件质量保证大纲、过程质量计划及管理程序、文件控制和记录控制、测试过程、测试结果、不符合和纠正措施管理、组织机构与人员资格、相关规范等。

3. 需求的明确性

燃料棒性能分析软件需求分析应明确评价模型开发与评估过程中的关注重点，为识别燃料棒性能分析过程中的计算对象、物理过程和关键参数打下基础。应从功能需求、接口需求及其他各方面的需求等方面评估需求的明确性，以保证软件的设计开发符合实际需求。

4. 功能的完整性

不同专业软件的应用范围不同，其功能也不完全一致，但软件的功能必须满足应用对象的所有需求。

参考国际成熟软件的功能，结合自主化软件评价经验，燃料棒性能分析软件的主要功能是预测燃料棒在反应堆内的各类性能，开展包壳应力、包壳应变、包壳腐蚀、包壳吸氢、包壳温度、芯块温度、裂变气体释放、燃料棒内压等关键参数的计算。评价过程中应重点关注功能的合理性和完整性。上述功能在审查软件功能完整性时应给予重点关注。

5. 理论模型的适用性

理论模型评价过程中应重点关注理论模型是否正确、理论模型的来源是否可靠、经验关系式或经验系数是否适用于应用对象、理论模型是否经过充分确认以及确认范围是否覆盖应用对象的参数范围等。

此外，还应关注模型的来源、具体形式、适用条件、模型参数的具体含义及单位、数值计算方法、建模所作的简化说明、假设条件等。

对于在不同参数条件范围内有不同表达形式的模型，应关注模型在参数边界点的连贯性。对于需要在参数变化时进行选择使用的模型，应注意模型选择原因是否合理，区间覆盖是否完整。

对于一些特有的专用模型，需要重点关注建立模型时所采用的假设是否准确；对于一些对节点划分敏感的模型，需关注其配套网格的建立方法，以及时间步长设置对结果的影响。

对于计算模型的合理性，重点审查数值方法的准确性，网格划分、参数选择、保守假设、时间步长设置的合理性等。

燃料棒性能分析软件所使用的理论模型和经验关系式应经过充分验证，其形式与系数应与应用对象的适用范围相适应，以保证理论模型和经验关系式能够正确的预测物理现象。

通过追溯理论模型的来源，可以实现对模型的物理基础、模型的假定和限制条件的评估，并保证燃料棒性能分析软件中所应用的模型与其来源相一致，且在其适用范围之内。

燃料棒性能分析软件的热学、力学、裂变气体释放及内压、腐蚀吸氢等理论模型应足够保守，并考虑到堆内辐照期间的各种劣化过程。可能造成燃料棒性能劣化的现象包括：热效应、裂变产物的影响、辐照效应、功率变化效应、燃料元件的机械效应、芯块–包壳的相互作用、燃料棒内可燃毒物的影响、燃料棒的流体环境以及包壳氢脆等。

6. 适用范围的合理性

对于燃料棒性能分析软件的适用范围，应重点关注适用范围的正确性、与应用对象的符合性，以及评价模型应用报告内容的完整性等内容。软件的适用范围需要涵盖应用对象的参数范围，并应与软件采用的物理模型的适用范围相适应。

7. 验证与确认的充分性

验证与确认评价过程中应重点关注确认的完整性和充分性，确认方法和确认矩阵的合理性，试验数据、核电厂运行数据和基准例题等的适用性，试验数据误差分析以及确认结果分析的准确性等。

确认的完整性是指实现功能所需的全部理论模型全部被确认；确认的充分性是指实现功能所需的全部理论模型的确认范围能够完全覆盖软件应用范围。不同软件确认现象的完整性、确认对比结果的评价标准、确认数据选择的适用性等需要使用与其方法论相匹配的标准进行判断。

确认矩阵是评价软件具备的各项功能在应用对象应用范围内的确认是否合理的基础。应关注确认矩阵的建立过程、方法、逻辑。完整的确认矩阵应包括被确认的现象、所使用的基准题/数据，以及基准题/数据的类别。在识别确认矩阵中包含的现象时，应对每一个软件需要进行计算的瞬态/事故进行分析梳理，从而评估确认矩阵的完整性。同时，不同软件确认的现象/模型方式可以不同，但原则上都应来源于程序所计算的应用对象，而非“程序包括什么内容就确认什么”。

对于燃料性能分析软件，确认矩阵的建立和确认对象的选择可依据软件的功能及验收准则确定。应关注确认矩阵建立的完整性和合理性，以及确认矩阵中的每项内容是否都有适用的数据进行对比确认。对于燃料棒性能分析软件确认矩阵的充分性，应关注确认矩阵的建立原则，并从软件功能、适用范围、输出参数等方面梳理确认项与确认用例的对应关系。

评价过程中应从趋势、系统响应、绝对值比对、保守度等多方面评价确认数据与软件计算结果的对比情况，对于计算结果的不合理之处或者明显偏差，应要求申请方给出合理解释。

确认结果的评价应结合软件的安全分析方法来进行。对于保守程序，应关注确认结果对于性能指标保守性的影响；对于最佳估算程序，应关注确认结果对软件整体不确定性分析评价的影响。

对于较为重要或复杂的确认结果，可以借助敏感性分析结果或校核计算进行补充论证和评价。

8. 确认数据的有效性

确认数据包含试验数据、核电厂运行数据、国内外基准题、解析等，与同类软件对比一般不作为可接受的确认依据。

确认数据评价过程中应关注试验数据的可信度，应结合试验方的资质、试验开展时间、试验的质量保证、试验报告完整性、试验结果分析准确性等因素综合判断试验数据的可靠性和可用性。

9. 不确定性分析与敏感性分析的合理性

不确定性分析与敏感性分析评价过程中，应重点关注不确定性分析方法、参数及敏感性因素选择的合理性，以及不确定件与敏感性分析结果的正确性等。

敏感性分析可以作为评价关键参数对性能指标重要度的辅助手段，但敏感性分析不能代替不确定性分析。对于关键模型、参数、网格、时间步长的影响，可以结合敏感性分析结果进行判断。

最佳估算类软件必须评价不确定性。可以使用多种方法对软件的不确定性进行分析，但必须审查所用方法的正确性。

不确定性分析至少应考虑模型、输入参数和用户效应的不确定性，在处理相应部分不确定性时，可以采用部分保守的方式进行分析。

燃料棒性能分析软件不确定性分析的目的，是在使用最佳估算评价模型时，为不确定性提供一个定量的值。这个不确定性包括模型引入的不确定性、程序本身的不确定性以及输入参数的不确定性。而敏感型分析的目的则是找出对关键参数计算结果影响较大的输入，为不确定性分析提供参考。

2.5 评价准则

1. 评价模型

燃料棒性能分析软件的评价模型可采用保守评价模型或最佳估算评价模型。

1）对于采用保守评价模型的燃料棒性能分析软件，应采用保守的可用性假设以及保守的初始条件和边界条件，以保证计算结果能够包络大部分试验结果；

2）对于采用最佳估算评价模型的燃料棒性能分析软件，可采用保守可用性假设以及现实的初始条件和边界条件。最佳估算评价模型应进行不确定性分析，以评估计算结果的不确定性，保证计算结果不超过验收准则的概率足够大。此外，需要确认参数的应用范围是真实合理的。同时，还应该进行敏感性分析，尤其是对那些具有“陡边效应”的问题。

如果燃料棒性能分析软件采用其他类型的评价模型，应从计算模型、可用性假设、初始条件和边界条件等方面说明计算结果的合理性和保守性。

2. 质量保证

燃料棒性能分析软件的质量保证应满足以下要求：

1）质量保证大纲：应涵盖评价模型开发与评估过程中使用的设计控制、文件管理，以及错误识别和纠正措施等程序；

2）文件控制：在开发和评估过程的每一步应产生适当的文件用于记录开发和评估过程；

3）配置管理：在评价模型的整个开发和评估过程中，应实施配置管理来保证程序的完整性，并追踪程序版本；

4）工具评定：任何一类工具都明确规定其功能和适用范围；

5）纠正措施：应制定措施，当出现故障、错误、缺陷和偏差，以及不合格品等不符合项时，能及时发现并纠正；

6）第三方评定：应对评价模型进行独立第三方评定，不确定性分析的确认也可采用第三方评定的方式；

7）应具有完整的开发和评估过程的计划和评价模型开发文件。

3. 需求分析

应根据每个燃料棒性能分析软件的具体情况对其需求分析进行评价。燃料棒性能分析软件功能需求、接口需求及其他需求可以包含以下内容：

1）功能需求：满足包壳自立、包壳蠕变坍塌、包壳应力、包壳应变、包壳疲劳、包壳腐蚀和磨蚀、包壳温度、燃料温度和燃料棒内压等准则的评价要求；

2）接口需求：用户接口、硬件接口以及与堆芯物理分析和燃料棒事故分析等软件的接口；

3）其他需求：软件编码规范需求、软件运行需求、软件维护需求等。

4. 软件功能

燃料棒性能分析软件的主要功能是计算包壳应力、包壳应变、包壳腐蚀、包壳温度、芯块温度、裂变气体释放、燃料棒内压等关键参数。每个软件的功能需求不同，其功能也不完全一致，但燃料棒性能分析软件的功能必须满足其所有功能需求的要求。

5. 理论模型

燃料棒性能分析软件理论模型主要分为热学模型、力学模型、裂变气体释放及内压模型、腐蚀吸氢模型和材料模型。

理论模型的形式与系数应与应用对象所采用的芯块材料、包壳材料及适用范围相适应，理论模型应经过充分验证，且验证范围应涵盖应用对象的富集度范围、燃料棒线功率密度范围以及燃耗范围。

燃料棒性能分析软件通常可以包含以下物理模型：

1）热学模型：芯块热导率、包壳热导率、氧化膜热导率、杂质热导率、气体热导率、间隙传热、气腔温度、高燃耗边缘效应、储能、冷却剂温度和传热系数、径向功率分布等；

2）力学模型：芯块密实、芯块固体肿胀、芯块气体肿胀、芯块重定位、芯块晶粒生长、包壳辐照生长、包壳蠕变、包壳机械应变、包壳塑性应变等；

3）裂变气体释放及内压模型：裂变气体释放、氦气释放、氡气释放、燃料棒内压等；

4）腐蚀吸氢模型：包壳腐蚀、包壳吸氢等；

5）材料模型：芯块熔点、芯块焓值、芯块比热、芯块发射率、芯块密度、芯块热膨胀、芯块弹性模量、芯块泊松比、包壳熔点、包壳比热、包壳发射率、包壳密度、包壳热膨胀、包壳弹性模量、包壳泊松比、包壳屈服强度、包壳抗拉强度、包壳梅氏硬度、包壳退火等。

由于每个燃料棒性能分析软件的功能不同，因此其所应具有的理论模型也不完全一致，因此应根据软件的具体计算功能判断其理论模型的完整性。

6. 适用范围

燃料棒性能分析软件的适用范围，主要包括评价模型所适用的堆型、冷却剂工质、工况、芯块材料、包壳材料、富集度或质量分数范围、燃料棒线功率密度范围、初始密度以及燃耗等参数范围等。

7. 验证与确认

燃料棒性能分析软件的验证与确认包括分离效应试验确认和整体效应试验确认。

燃料棒性能分析软件的分离效应试验确认通常需要涵盖以下模型：

1）热学模型：气体导热、间隙传热、径向功率分布、燃料温度、包壳温度；

2）力学模型：芯块密度、芯块气体肿胀、芯块固体肿胀、芯块密实、芯块重定位、孔隙率、包壳应力、包壳外径（或包壳应变）、包壳辐照生长、包壳高应力蠕变、包壳低应力蠕变；

3）裂变气体释放及内压模型：稳态气体释放、瞬态气体释放、燃料棒自由体积、燃料棒内压；

4）腐蚀吸氢模型：包壳腐蚀、包壳吸氢；

5）材料模型：包壳和芯块材料的热力学性能。

理论模型的分离效应验证可以采用直接和间接的方式进行。对于一些相互关联或耦合的模型，可以作为一个整体进行验证，并不一定需要分别对每个模型进行独立的验证。

由于燃料棒性能分析软件所具有的理论模型不完全相同，因此分离效应试验的确认项也不完全一致。评价过程中应根据确认项是否涵盖所有关键理论模型以及应用对象的范围来评价分离效应确认的完整性。

燃料棒性能分析软件整体效应试验确认的确认项应涵盖所有关键参数的确认要求，包括芯块温度、燃料棒内压、包壳腐蚀、包壳应变以及包壳温度等；对于每个关键参数的确认，应保证所采用的试验数据或电厂运行数据涵盖应用对象的适用范围，特别是富集度范围、燃耗范围和线功率密度范围。

由于不同燃料棒性能分析软件所涉及的关键参数不同。因此在审评时，需要根据每个软件的分析要求，来判断整体效应试验确认的完整性。

8. 确认数据

确认所用的试验数据必须是适用的，也就是说数据必须具有来自可靠的试验台架、合理的试验设计以及对验证对象的适用性等几个特点。

充分地确认试验数据应该至少能够保证覆盖每一个需要验证的模型和现象。采用的试验数据应能够反映设计关注的关键现象。适用的验证试验必须能够覆盖需要确认的模型的参数范围。

9. 不确定性分析与敏感性分析

燃料棒性能分析软件的不确定性分析范围，应涵盖软件的所有关键参数。对于每个关键参数，应通过敏感性分析筛选出对结果影响较大的因素作为该参数不确定性分析的关注对象。

对于每个关键参数的不确定性分析，通常需要考虑的因素应包括以下几点：

1）芯块温度：最大温度模型、最大包壳内径、最小芯块外径、最小芯块密实和最小燃料密度；

2）燃料棒内压：最大包壳内径、最小芯块外径、最大裂变气体释放、最小燃料密实和最小初始气腔长度；

3）包壳腐蚀：最大包壳腐蚀模型；

4）包壳应变：最小包壳内径、最大芯块外径、最大低应力蠕变模型、最小芯块密实、最小芯块密度和最大温度模型。

除以上四个参数以外，根据软件的具体需求和功能，审评人员还可以要求申请方对其他关键参数进行不确定性分析。在审评过程中，应根据每个燃料棒性能分析软件所涉及的关键参数，来判断其不确定性分析与敏感性分析的合理性。对于每个关键参数的不确定性分析，如果申请方未考虑到上述的所有因素，审评人员应让申请方补充分析或论述原因。

2.6　评价结论

燃料棒性能分析软件评价结论应包括：软件的评价过程、评价参考依据、软件的基础信息、软件应用信息、技术评价以及评价意见。

其中，软件的评价过程包括：

1）收到申请的时间；

2）审查了哪几份文件，文件版本（明确了审查的范围）；

3）评价中几次对话会的过程；

4）专家委员会召开的时间；

5）评价结论生效的时间。

评价参考依据应包括：

1）法规；

2）导则；

3）实施办法；

4）技术文件。

软件的基础信息应包括：

1）被评价软件的名称、版本、开发者信息；

2）申请方声明的评价模型的应用范围，以及经过审查后的不符合项。

软件应用信息应包括：

1）计算参数；

2）核电厂的类型；

3）计算针对的工况；

4）软件应用过程中的限制条件；

5）软件精度/不确定度。

技术评价应包括：

1）对重点模型、关系式的评价；

2）对数值求解方法的评价；

3）对不确定性方法的评价。

评价意见应根据软件评价情况编写，评价意见可为“适用”“部分适用”“需要进一步开展相关工作”等。

参考文献

［1］核动力厂设计安全规定：HAF102［Z］. 2016.

［2］核动力厂安全分析用计算机软件开发与应用（试行）［R］. 2017.

［3］核动力厂安全评价与验证：HAD102/17［Z］. 2006.

［4］核动力厂安全分析用计算机软件评价实施办法［R］. 2017.

［5］核电厂质量保证安全规定：HAF003［Z］. 1991.

［6］中华人民共和国民用核设施安全监督管理条例：HAF001［Z］. 1986.

［7］计算机软件测试规范：GB/T 15532.2008.

［8］计算机软件测试文档编制规范：GB/T 9386.2008.

［9］信息技术软件生存周期过程配置管理：GB/T 20158.2006.

［10］信息技术软件生存周期过程：GB/T 8566.2007.

［11］军用软件质量监督要求：GJBZ 4072A.2006.

［12］计算机软件测试文档编制规范：GB/T 9386.2008.

第三章　软件质量保证

3.1 概　述

包含燃料棒性能分析软件在内的核安全相关计算机软件的质量保证，是为使软件满足规定的质量要求并提供足够的置信度而必需的全部有计划和有系统的活动。欧美各国非常重视核安全相关计算机软件的质量保证工作，先后发布了一系列法规和标准，建立了较为完善的软件质量保证体系，用于规范核安全相关计算机软件开发与应用中的管理和质量控制工作。与美国等核电发达国家相比，我国由于缺少专门的法规标准，因此核安全相关计算机软件开发和应用过程中的质量控制手段较少、意识较为薄弱。这造成软件的有效性、可靠性与可维护性相对较差。因此，质量保证也成为软件适用性评价过程中问题较为集中部分。

需要特别说明的是，由于燃料棒性能分析软件与其他核动力厂安全分析软件在质量保证方面具有高度的相似性，因此本章主要讨论的核动力厂安全分析软件质保问题，其内容均适用于燃料棒性能分析软件。

1. 质量保证是核安全相关计算机软件可靠性和稳定性的重要保障

核安全相关计算机软件对核电厂的安全分析有着至关重要的作用。为了保证软件在开发和应用过程中充分体现全部有关的准则、规范和标准，并保证设计达到所要求的质量，必须制订各类质量保证文件，有效实施各阶段的质量保证工作，并将其应用于软件研发和参与设计的部门及人员。核安全相关计算机软件开发和应用过程的质量保证，既要规范软件生命周期各阶段的活动，也要规范包括组织机构、人员培训与授权、配置管理在内的管理性工作。

核安全相关计算机软件开发与应用过程中质量保证体系的完整性以及文档资料的完备性等内容是软件评价工作的重点之一。在软件评价过程中，需要从质量保证大纲、文件控制、配置管理、工具评定、纠正措施、第三方评定、开发和评估过程计划、评价模型开发文件等各个方面对软件的质量保证工作进行全面的监管，以保证核安全相关计算机软件的稳定性和可靠性，为核电厂的安全分析提供必要的计算工具。

2. 国外核安全相关计算机软件质量保证工作较为成熟

欧美等核电发达国家在开展软件工程研究时，强调软件的开发管理和软件质量。建立了完善的核安全分析软件质量保证体系，而软件的标准化也为软件的开发工作提供了有力保证。

以美国为例，在联邦法规《核安全管理》（10CFR830）的子标题 A 中，从范围、质量保证大纲和质量保证准则等方面明确了核安全领域的质量保证总体要求。为了确保核安全分析软件的质量和完整性，美国能源部根据计算机软件质量保证行业标准制定了指令性文件《质量保证》（DOE O 414.1C），对 10CFR830 子标题 A 中的要求进行了细化和补充。在该指令性文件的附录 5 中，提出了专门针对核电厂安全分析软件的质量要求。在 DOE O 414.1C 的框架下，美国能源部又出台了一系列导则来对其要求进行进一步补充和细化：

1）为了给 DOE O 414.1C 中的要求提供具体验收准则，美国能源部出台了导则《10CFR830 Subpart A“质量保证要求”和 DOE O 414.1C“质量保证”在核安全分析软件中应用》（DOE G 414.1-4）。该导则可以为建立和实施有效的核安全软件质量保证流程提供指导和帮助，以确保核安全分析软件的可靠性；

2）为了提高安全分析软件的质量，明确各角色的分配与职责，美国能源部出台了导则《核设施和活动相关安全分析软件质量保证功能、职责和权限》（DOE N 411.1）。此后，又通过 DOE N 411.2 和 DOE N 411.3 对该导则的各项规定的有效期进行了延长；

3）此外，能源部还出台了导则《安全分析软件质量保证功能领域质量标准》（DOE-STD-1172-2011），用以规范能源部中为安全分析软件提供协助、指导、监督和评价的人员在软件通用功能领域的能力，这其中，就包含了 DOE O 414.1C 中所定义的安全管理和行政控制软件。

除了美国能源部以外，其他机构也编制了针对核安全相关计算机的软件质量保证文件。例如美国核管理委员会的技术文件《软件质量保证计划和准则》（NUREG/BR-0167），为软件生命周期、验证与确认、文件和成果、项目管理、配置管理、不符合项管理和纠正措施、质量评估和改进等内容提供了准则。

3. 我国核安全相关计算机软件质量保证工作尚待完善

相对于美国等核电发达国家，我国核安全相关计算机软件自主化起步较晚，软件的质量保证工作投入较少，软件开发与应用过程缺少专门的规范，这造成软件开发过程处于相对“无序”的状态。

我国核安全相关计算机软件开发过程的质量保证工作，通常是在《核电厂质量保证安全规定》（HAF003）以及与之配套的核电厂质量保证导则（HAD003）的基础上，参考《计算机软件开发规范》(GB 8566)等通用计算机软件质量保证标准规范来开展。但由于上述两类法规标准均不是针对核安全相关计算机软件制订的，因此缺少针对性和可执行性。

目前，我国针对核工业或核电厂安全相关计算机软件质量保证工作出台的标准规范主要有中国核工业总公司于上世纪 90 年代发布的《核工业计算机软件质量保证规范》(EJ/T 694-92)和《核电厂安全有关计算机软件质量保证细则》(EJ/T 890-94)等两份核行业标准。前者对制订核工业计算机软件质量保证措施和计划提出了要求；而后者对核电厂安全相关计算机软件在开发和维护中质量保证的具体方法和规程做出了较为详细的规定。随着软件质量保证工作不断发展，上述标准需要根据新的情况，特别是软件适用性评价的需求进行调整和完善。

2017 年，为了配合自主化安全分析软件评价工作，国家核安全局发布了导则《核动力厂安全分析用计算机软件开发与应用》，以及《核动力厂安全分析用计算机软件评价内部管理工作规定》与《核动力厂安全分析用计算机软件评价实施办法》等两份配套文件，对软件开发与应用过程的质量保证提出了定性的要求。但是由于缺少实施细则，因此在开展软件质量保证评价和检查时，无法按照具体的方案开展工作。为了使质量保证评价工作能够做到有法可依，未来还需根据软件适用性评价工作的特点，结合软件质量保证工作的经验，完善标准规范，编制更具可执行性的细则。

3.2 质保体系和法规标准

目前，燃料棒性能分析软件在开发过程中，主要采用核工业相关的质量保证体系，包括美国核质保法规(10CFR50 附录 B)和美国核质保标准(ASME NQA-1)、国际原子能机构(IAEA)质保体系、以及国际标准化组织(ISO)质量管理体系等。

燃料棒性能分析软件所采用的质保法规标准与其他核动力厂安全分析软件基本相同，主要包括 DOE 相关标准导则、NRC 相关标准导则、HAF003 与 HAD003、国内安全分析软件开发相关导则和国内安全分析软件评价导则等。

3.2.1 质保体系

1. 美国质保体系

随着核电事业的发展，1970 年美国在一些质保标准的基础上颁布了世界上第一部民用核设施质量保证法规《核电厂和燃料后处理厂质量保证准则》(10CFR50 附录 B)。

该法规所提出的要求，对后续质保法规标准的体例和内容产生了重要的影响。在该法规中，提出了 18 条质量保证要素：

1）组织；

2）质量保证大纲；

3）设计控制；

4）采购文件控制；

5）细则、程序和图纸；

6）文件控制；

7）所购材料、设备和服务控制；

8）材料、零件和部件的标识；

9）特殊工艺控制；

10）检验；

11）试验控制；

12）测量和试验设备控制；

13）装卸、贮存和运输；

14）检查、试验和运行状态；

15）不符合的材料、零件和部件；

16）纠正措施；

17）质量保证记录；

18）检查。

表 3-1　ASME NQA-1 附录

编号	名称
1A-1	《关于组织的导则》
2A-1	《关于检验与试验人员资格的导则》
2A-2	《关于质量保证大纲的导则》
2A-3	《关于主监查员教育和经验的导则》
2A-4	《关于过程和活动评价中使用的监督导则》
3A-1	《关于设计控制的导则》
4A-1	《关于采购文件控制的导则》
7A-1	《关于采购的物项和服务的控制的导则》
10A-1	《关于检验的导则》
11A-1	《关于试验控制的导则》
16A-1	《关于纠正措施的导则》
17A-1	《关于质量保证记录的导则》
17A-2	《关于电子记录的导则》
18A-1	《关于检查的导则》

10CFR50 附录 B 颁布后，美国国家标准协会（ANSI）的第 44.2 分委会于 20 世纪 70 年代陆续编制发布了 ANSI N44.2 系列国家标准，后来 ANSI 责成 ASME 负责编制核电质保国家标准，ASME 于 1979 年颁布了第一版核电质保国家标准 ANSI/ASME NQA-1。ASME 规范是美国机械工程师协会颁发的技术规范，适用于按 ASME 规范建造的核设施部件。

美国核电质保法规 10CFR50 附录 B 颁布以来，质保的体例和内容仍是对 18 条质保要素（活动）进行规定，基本上没有实质性变化。

美国经历了 ANSI NQA-1，NQA-2，NQA-3 三项标准之后，于 20 世纪 90 年代合并成单一的 NQA-1 国家标准。NQA-1 中的 18 条质保要素与 10CFR50 附录 B 保持一致。从美国质保法规和质保标准的内容和要求来看，建立的质保体系适用于核电厂和核设施的质量管理体系。

ASME NQA-1 有 14 个质量保证大纲附录（见表 3-1），这些附录是非强制性的，它们包含了经过验证的方法和活动的细节，以达到 NQA-1 第 1 篇的要求，并提供了经过验证的原则和实践做法，以确保建立有效的质量保证大纲。

2. IAEA 质保体系

IAEA 作为联合国下属机构，其使命是和平利用核能、防止核扩散，制定核安全标准，为成员国政府制定核安全标准提供参考的蓝本。

1978 年 IAEA 参照了美国 10CFR50 附录 B，颁布了第一版质保法规《核电厂质量保证安全规定》及其 10 个质保导则。除引言外，IAEA 50-C-QA 由 12 个质保要素组成：

1）质量保证大纲；

2）组织；

3）文件控制；

4）设计控制；

5）采购控制；

6）物项控制；

7）工艺过程控制；

8）检查和试验控制；

9）不符合项控制；

10）纠正措施；

11）记录；

12）监查。

这些要素基本上包括了质量保证工作的全部内容，能按这些要素编写出较为全面的质保大纲。这 12 个要素不仅与美国现行的质保法规 10CFR50 附录 B 中的 18 个要素是一致的，与 ISO9000 的基本要素也是类似的，因此可以与上述两个质量保证体系接轨。工作中也可以使用美国的标准审评大纲或 ISO9000 质量保证法规作参考。

1988 年 IAEA 对 1978 版的质保法规 50-C-QA 做了一次修订，但基本上没有实质的变动。1996 年 IAEA 颁布了新的质保法规 50-C-Q《核电厂和其他核设施质量保证》。确立了必须满足的基本要求，以确保核电厂和其他核装置足够安全。从格式和内容来看，IAEA 50-C-Q 有了很大的变动，调整后的法规由四章十四节组成，除引言中描述的基本情况、目的、范围、结构外，另外三个章节按三个功能类别描述了 10 个基本要求。相关组织可以以此为基础，建立和实施与核电厂安全相关的全面质量保证计划。

IAEA 50-C-Q 具体的 3 个功能类别和 10 个基本要求分别是：

1. 管理

要求 1：质量保证大纲；

要求 2：培训和资格考核；

要求 3：不符合性控制和纠正措施；

要求 4：文件控制和记录。

2. 执行

要求 5：工作；

要求 6：设计；

要求 7：采购；

要求 8：针对验收的检查和试验。

3. 评定

要求 9：管理评定；

要求 10：独立评定。

IAEA 50-C-Q 在纠正了旧版法规中的错误的同时，还与时俱进地提出了一些新的理念，如“领导作用”“持续改进”“以绩效为基础”的质量管理等。该准则包括一个附件，该附件为帮助理解和实施基本要求提供了指导。

为了给 IAEA 50-C-Q 特定部分的实施提供可接受的方法，同时还出台了 14 个安全导则。这些导则大致分为以下两个部分。

1. 与基本要求相关的安全导则

这些安全导则就如何满足 IAEA 50-C-Q 的基本要求提供了建议和指导，这些基本要求与核电厂和其他核装置整个生命周期中的各个阶段相关，具体包括以下 7 个导则：

安全导则 1：建立和实施质量保证计划；

安全导则 2：不符合项控制和纠正措施；

安全导则 3：文件控制和记录；

安全导则 4：验收测试；

安全导则 5：对质量保证计划实施的评估；

安全导则 6：项目和服务采购中的质量保证；

安全导则 7：制造中的质量保证。

2. 与实施过程相关的安全导则

这些安全导则就如何在核电厂和其他核装置的不同生命周期阶段实施本规范提供了具体的建议和指南。具体包括以下 7 个导则：

安全导则 8：研发中的质量保证；

安全导则 9：选址中的质量保证；

安全导则 10：设计中的质量保证；

安全导则 11：施工中的质量保证；

安全导则 12：调试中的质量保证；

安全导则 13：运行中的质量保证；

安全导则 14：退役中的质量保证。

2006 年 IAEA 颁布了 GS-R-3《设施和活动的管理体系》后，IAEA 取消了核质保法规。

3. ISO 质量管理体系

ISO 借鉴上述核电质保法规，于 1987 年颁布了 ISO9001 族“质量管理和质量保证标准”。由引言、范围和适用领域、引用标准、定义和质量体系要求等部分组成，其中质量体系要求包括以下要素：

1）管理职责；

2）质量体系；

3）合同审评；

4）采购控制；

5）设计控制；

6）文件控制；

7）采购；

8）需方提供的物资；

9）产品标识和可追溯性；

10）工艺控制；

11）检验和试验；

12）检验、测量和试验设备；

13）检验和试验状态；

14）不合格品的控制；

15）纠正措施；

16）搬运、贮存、包装和交付；

17）质量记录；

18）内部质量审核；

19）培训；

20）售后服务；

21）统计技术。

这 21 个条款与 IAEA 50-C-Q 的 10 个基本要求相关。但是，ISO9001（1987）未对如何实现上述要求提供任何指导或建议。

与 10CFR50 附录 B 和 IAEA 50-C-QA 相比，可以看出 ISO9001（1987）是在继承了核质保法规中质保要素的基础上，制定的 ISO 的质量管理标准。

历经几次修订后，ISO 于 2000 年颁布了新版的 ISO9000 族标准，其中的 ISO9001 标准的名称是《质量管理体系—要求》，其体例格式作了根本性变动，更改后的结构如下：

0）引言；

1）范围；

2）引用文件；

3）术语和定义；

4）质量管理体系；

5）管理职责；

6）资源管理；

7）产品实现；

8）测量分析改进。

2000 年之前 ISO9001 标准的名称为《质量体系—设计/开发、生产、安装、服务的质量保证模式》，即 ISO 很明确的指出其质量管理体系标准是“质量保证模式的质量体系”，这主要与其承继了 IAEA 和美国的质保法规有关。上述的“质量体系”一词，在 IAEA 50-SG-Q1 的注解中有相应的说明：“在有的国家，质量保证大纲也被称作质量保证体系或质量体系”，即三者是一回事。

2000 版的 ISO9000 族质量管理标准的名称从形式上摒弃了“质量保证”一词，改为“质量管理体系”，给人印象似乎有别于“质量保证体系”，但从 ISO9000 系列标准所论述的术语定义、理念、方法可以知道实际并非如此。

ISO9000 对“质量管理”的定义是：“在质量方面指挥和控制组织的协调活动”。对照我国 HAF003 的 3.1.1 节（与 IAEA 和美国质保法规相似）的规定：“（质量管理是）为了管理、指导和实施质量保证大纲”，可以知道核质保早已确立了有关管理、指导、实施质量方面的理念和要求，ISO9000 族关于“质量管理”的概念和要求不是首创的。

3.2.2 质保法规标准

1. DOE 相关标准导则

在联邦法规《核安全管理》（10CFR830）的子标题 A 中，从适用范围、质量保证大纲和质量保证准则等方面明确了核安全领域的质量保证总体要求。其中 10CFR830 子标题 A 中提出的质量保证的准则包括：

1）管理/计划；

2）管理/人员培训和资质；

3）管理/质量改进；

4）管理/文件和记录；

5）执行/工作流程；

6）执行/设计；

7）执行/采购；

8）执行/检查和验收测试；

9）评估/管理评估；

10）评估/独立评估。

为了确保核安全分析软件的质量和完整性，美国能源部根据计算机软件质量保证行业标准制定了指令性文件 DOE O 414.1C《质量保证》，对 10CFR830 子标题 A 中的要求进行了细化和补充。

在该指令性文件的附录 5 中，提出了专门针对核电厂安全分析软件的质量要求。附录 5 制定目的是规定安全分析软件的要求和责任，所提出的安全分析软件质量要求除了补充和细化了 10CFR830 的要求以外，还提供了 10CFR830 核设施质量保证计划框架下安全分析软件相关工作的实施细节。

在附录 5 中要求安全分析软件开发和实施工作流程需要包括以下要素：

1）设施设计机构需参与软件需求分析、实现、设计、开发、验证和确认（包括检查和测试）、配置管理、维护和报废过程；

2）识别、记录和维护安全分析软件清单；

3）建立安全分析软件等级：在质量保证计划中记录等级划分；

4）使用上面建立和批准的等级，选择并实施适用的软件质量保证活动，以确保安全分析软件执行其预期的功能。

在 DOE O 414.1C 的框架下，美国能源部又出台了一系列导则来对其要求进行进一步补充和细化。为了给 DOE O 414.1C 中的要求提供具体验收准则，美国能源部出台了导则 DOE G 414.1-4《10CFR830 Subpart A“质量保证要求”和 DOE O 414.1C“质量保证”在核安全分析软件中应用》。该导则主要用于建立和实施有效的核安全分析软件质量保证流程，为确保核安全分析软件的可靠性提供帮助。

DOE G 414.1-4 要求可以追溯，并按计划方式对软件进行质量控制。在第 5 章中定义的安全分析软件质量工作活动，为安全分析软件的规划、实施、维护和使用提供了基础。安全分析软件的质量保证工作活动包括生命周期各个阶段的任务，例如软件项目计划、软件配置管理和风险分析。DOE G 414.1-4 对 DOE O 414.1C 中提到的以下 10 个软件质量保证工作活动进行具体的要求：

1）软件项目管理和质量计划；

2）软件风险管理；

3）软件配置管理；

4）采购和供应商管理；

5）软件需求分析和管理；

6）软件设计和实施；

7）软件安全；

8）验证和确认；

9）问题报告和纠正措施；

10）对人员进行安全分析软件的设计、开发、使用和评估方面的培训。

为了提高安全分析软件的质量，明确各角色的分配与职责，美国能源部出台了导则 DOE N 411.1《核设施和活动相关安全分析软件质量保证功能、职责和权限》，并依靠 DOE N 411.2 和 DOE N 411.3 对该导则的有效期进行了延长。在该导则中对安全分析软件质量保证活动中环境、安全与卫生助理局长，首席信息官，秘书官，要素管理人员，独立监督办公室的职责和权限进行了规定。

此外，能源部面向该机构中为安全分析软件提供协助、指导、监督和评价的人员出台了导则 DOE-STD-1172-2011《安全分析软件质量保证功能领域质量标准》，用以规范相关人员在软件通用功能领域的能力。

2. NRC 相关标准导则

除了美国能源部以外，其他机构也编制了针对核安全相关计算机的软件质量保证文件。

美国核管理委员会出台了技术文件 NUREG/BR-0167《软件质量保证计划和准则》，该文件为 NRC 组织者和 NRC 承包商提供了供开发和维护工作人员使用软件的指南。

软件质量保证能够充分保证软件产品符合既定技术要求，采取有效措施的计划和系统模式。因此，软件质量保证的范围应包括软件开发和维护方面的管理和技术内容。NUREG/BR-0167 为以下内容提供了准则：

1）软件生命周期；

2）验证与确认；

3）文件和成果；

4）项目管理；

5）配置管理；

6）不符合项管理和纠正措施；

7）质量评估和改进等。

该文件基于各种行业标准制订，可以提供指导，但没有完全解决核电厂所用软件的质量保证问题。

3. HAF003 与 HAD003

我国核行业计算机软件开发过程中的质量保证工作，通常是在 HAF003《核电厂质量保证安全规定》以及与之配套的 HAD003 核电厂质量保证导则的基础上开展的。

HAF003 是我国核质保法规，其制定的原则和目标适用于影响安全重要物项和服务质量的各种工作，如设计、采购、加工、制造、装卸、运输、贮存等活动，并适用于所有对核电厂负有责任的人员、核电厂设计人员、设备供应厂商以及所有其他参与影响质量活动的组织。除适用于核电厂外，也适用于其他核设施。HAF003 包含 13 个要素：

1）引言；

2）质量保证大纲；

3）组织；

4）文件控制；

5）设计控制；

6）采购控制；

7）物项控制；

8）工艺过程控制；

9）检查和试验控制；

10）不符合项的控制；

11）纠正措施；

12）记录；

13）监查。

总体来说，HAF003 与 ASME NQA-1 在质量保证体系上的要求上是非常相似的，二者只在控制要求上有部分差异。

HAF003 共有 10 个配套导则，即 HAD003 系列（见表 3-2），这些导则均为指导性文件，建立质量保证大纲时可以采用不同于导则规定的方法和方案，但必须证明它们具备相同的安全水平。

表 3-2　HAD003 导则

编号	名称
HAD003/01	《核电厂质量保证大纲的制定》
HAD003/02	《核电厂质量保证组织》
HAD003/03	《核电厂物项和服务采购中的质量保证》
HAD003/04	《核电厂质量保证记录制度》
HAD003/05	《核电厂质量保证监查》
HAD003/06	《核电厂设计中的质量保证》
HAD003/07	《核电厂建造期间的质量保证》
HAD003/08	《核电厂物项制造中的质量保证》
HAD003/09	《核电厂调试和运行期间的质量保证》
HAD003/10	《核燃料组件采购、设计和制造中的质量保证》

4. 国内安全分析软件开发相关导则

目前，我国针对核工业或核电厂安全相关计算机软件质量保证工作的标准规范，主要有中国核工业总公司于 20 世纪 90 年代发布的 EJ/T 694—92《核工业计算机软件质量保证规范》和 EJ/T 890—94《核电厂安全有关计算机软件质量保证细则》，以及国家核安全局于 1994 年发布的 HAFJ0047《核电厂安全有关的计算机软件质量保证手册》等三份核行业标准。

EJ/T 694—92《核工业计算机软件质量保证规范》是在 EJ/T 617《核工业科学与工程计算机程序验证和确认指南》、EJ/T 644《核工业计算机软件开发规范》和 EJ/T 646《核工业计算机软件开发文档编制指南》等文件的基础上编制的。该标准规定了核工业计算机软件开发过程中，制定软件质量保证措施和计划所需的一套统一的最低要求。EJ/T 694—92 既适用于核工业重要软件的开发和维护，也适用于一般软件的开发和维护。该标准由软件质量保证组织、软件质量保证计划和对开发者的最低要求等三部分组成。

第一部分软件质量保证组织包括人员组成、任务和权力等三项内容。其中在“任务”部分除明确了质量保证计划、实施计划的要求以外，还从编制报告、执行检查、需求评审、设计评审、程序审查、测试评审、及时报告、软件出错报告、软件产品质量评审等方面对软件开发各个阶段的任务提出了要求。

第二部分软件质量保证计划包括管理、文档、标准、条例和约定、评审和审查、软件配置管理、问题报告和修改活动、工具、技术和方法、源程序管理、介质管理、对任务间接承办单位的管理、交付的准备工作等内容。在 4.4 节，对文档的需求进行了细化，其中需求说明书、设计说明书、验证和确认计划、验证和确认报告、用户文档为最低文档需求，此外文档还可以包括软件开发计划、软件配置管理计划、软件开发进度报告和项目开发总结报告。在 4.6.2 节，提出了最低的评审要求，应该包括验证与确认计划评审、需求评审、概要设计评审、详细设计评审、功能审查、物理审查、综合审查和管理评审。

第三部分开发者的最低要求包括人力安排及保障、软件开发者守则和软件关键部分的质量保证措施组成。

EJ/T 890—94《核电厂安全有关计算机软件质量保证细则》是在 GB /T 11457《软件工程术语》等软件工程标准、EJ/T 644《核工业计算机软件开发规范》等核行业标准，以及 HAF0400《核电厂保证安全规定》等核电厂质量保证法规的基础上编制的。该规范规定了核电厂安全有关计算机软件在开发和维护中质量保证的具体方法和规程，适用于核电厂安全有关计算机软件的开发和维护中的质量保证活动。该规范由以下质量保证要素构成：

1）软件质量保证大纲；

2）质量保证组织；

3）文档控制、配置管理和媒体及相关服务控制；

4）设计控制；

5）采购控制；

6）测试；

7）错误控制和纠正措施；

8）质保记录；

9）监查。

HAFJ0047《核电厂安全有关的计算机软件质量保证手册》是参照 IAEA 于 1988 年 4 月发布的 282 号技术报告《Manual on Quality Assurance for Computer Software Related to the Safety of Nuclear Power Plants》编译的，供安全审评人员和设计人员使用。

软件在核电厂的设计、制造和运行中的作用日益重要。必须确保计算机设备运行的软件与硬件相匹配，并达到预定的目的，HAFJ0047 文件适用于系统、应用和后备方面直接或间接影响核电厂安全的软件，也包括新软件的开发、现有软件的修改和使用。

HAFJ0047 针对与核电厂技术要求、设计、维修和安全重要物项及活动有关的计算机软件提出，其目的是为相关软件的使用在质量保证方面提供指导。这种指导与核安全规定和安全导则对于质量保证的要求与建议是一致的。

HAFJ0047 可供所有涉及核电厂安全软件的人员，包括参与审查系统和产品软件的监查人员使用。

HAFJ0047 的结构与 EJ/T 890—94 十分相似，由以下 12 个要素构成：

1）引言：包括本手册的目的、软件质量保证的要求、本手册的适用范围、软件质量和参考资料；

2）软件寿期：包括需求说明书、功能说明书、结构和详细设计、编程和软件实现、组装测试和调试、运行、维护和扩展；

3）质量保证大纲：包括概述、质量保证大纲的范围、责任、质量保证大纲的制定、质量保证大纲文件；

4）组织：包括结构、接口、职能、授权和责任、人员配备和培训；

5）软件文件、配置、媒体和服务控制：包括软件控制和计算设施、配置管理、媒体和服务控制；

6）设计控制：包括设计说明书、设计验证、确认、工具、技术和方法、设计变更；

7）采购控制；

8）测试；包括测试计划、测试的执行、测试审查、验收测试以及颁发证书；

9）对不符合项的控制；

10）纠正措施；

11）记录；

12）监查。

5. 国内安全分析软件评价导则

随着软件质量保证工作不断发展，上节中所列的标准需要根据新的情况，特别是软件适用性评价的需求进行调整和完善。2017 年，为了配合自主化安全分析软件评价工作，国家核安全局发布了导则《核动力厂安全分析用计算机软件开发与应用》，以及与之配套的《核动力厂安全分析用计算机软件评价内部管理工作程序》与《核动力厂安全分析用计算机软件评价实施办法》。

《核动力厂安全分析用计算机软件开发与应用》导则制订的目的是为核动力厂安全分析用计算机软件的开发及其应用提供指导，以确保核动力厂安全分析的质量和可靠性，是对 HAF102《核动力厂设计安全规定》中有关条款的说明和补充。该导则论述了核动力厂安全分析所用计算机软件的开发与评估方法和应用原则，以及验证与确认和质量保证的要求。

《核动力厂安全分析用计算机软件开发与应用》主要针对核动力厂安全分析中设计基准事故的确定论安全分析所使用的计算机软件体系的开发与应用，核动力厂设计和运行中涉及的其他计算机软件的开发和应用可参照。导则的适用对象是核动力厂安全分析所使用的计算机软件，包括全新开发的软件，或从已有的计算机软件改造升级而来的软件。

在《核动力厂安全分析用计算机软件开发与应用》的第五章，对安全分析用计算机软件开发的质量保证从以下几个方面进行了规定：

1）质量保证大纲的要求；

2）文件控制；

3）配置管理；

4）工具评定；

5）纠正措施；

6）第三方评定；

7）开发和评估过程的计划；

8）评价模型开发文件。

为了规范安全分析软件的评价工作，明确评价的适用范围、申请条件和评价要求，国家核安全局特制订了《核动力厂安全分析用计算机软件评价实施办法》。该办法适用于核动力厂设计基准事故分析及相关安全分析领域中使用的安全分析软件。在该办法中，对安全分析软件开发过程的质量保证做出了以下规定：

1）申请者应能提供证据证明安全分析软件开发过程遵循了相应的质量保证文件的要求；

2）软件开发质量保证报告应该包括以下内容：安全分析软件的基本状况、软件研制过程中的技术状况、软件研制过程中的质量保证情况、软件研制过程中的问题处理情况、软件的鉴定和验收情况、软件的审核和检查情况、与软件质保相关的需求分析以及测试验证总体情况等；

3）软件开发过程质量保证体系的评价重点包括：质量保证体系的完整性以及文档资料的完备性等内容。

为规范核动力厂安全分析用计算机软件评价的工作流程，明确职责分工，国家核安全局制定了《核动力厂安全分析用计算机软件评价内部管理工作程序》。该程序适用于核动力厂、研究堆安全分析用计算机软件的评价。该工作程序通过引用《核动力厂安全分析用计算机软件评价实施办法》，对安全分析软件开发过程的质量保证做出了相应的要求。

3.3 软件质保现状

3.3.1 软件开发过程中的质保现状

1. 开发与应用中质量保证的主要问题

燃料棒性能分析软件开发与应用中的所遇到的主要质量保证问题，与其他核安全相关计算机软件十分相似，主要体现在质量保证法规标准和评价方法尚不完善、各软件开发单位所采用的质量保证体系不统一以及软件开发过程中质量保证的执行存在较多缺陷等。这些问题已经成为干扰软件质量的重要因素，需要尽快解决和完善。

1）各软件开发单位所采用的质量保证规范不统一

核安全相关计算机软件质量保证工作法规标准的缺失，造成各软件开发单位所采用的核电厂质量保证规范和软件质量保证规范不一致。

对于核电厂质量保证标准和规范，虽然绝大多数开发单位均采用了 HAF003、HAD003 等国内法规和导则，但也有单位参考了诸如 IAEA 50-C/SG-Q、ASME NQA-1 等国外核电厂质量保证中的规定。

对于软件的质量保证标准和规范，各个单位的选择各不相同，有的单位以 ISO9000 质量管理体系要求为框架；有的以国标 GB 8566 为基础开展质量保证工作；还有的单位参照 EJ/T 890-94 等核行业规范制定了软件的质量保证文件。

质量保证标准和规范的不统一，给核安全相关计算机软件的评价工作带来了很大的困难，使得软件的质量保证评价工作不能按照统一流程和尺度开展，对不同软件的质量保证要求也难以做到保持一致。

2）各软件开发单位质量保证执行不到位

目前核安全相关计算机软件开发单位由于经验缺乏、进度压力较大、人员短缺等原因，造成软件质量保证工作在执行中存在较多缺陷，突出体现在以下几点：

一是质量保证文件体系不完整。很多软件开发单位虽然制定了针对核安全相关计算机软件开发过程的《质量保证大纲》，但大纲内容过于宽泛，没有体现出软件自身特点，又缺少配套的质量保证工作程序的支撑，造成质量保证文件的可执行性不强。有时甚至会出现不同文件之间规定不一致的情况；

二是人员的独立性常常无法保证。例如软件开发人员、软件验证与确认人员应该相互独立。但由于软件开发单位普遍存在人员短缺的现象，因此经常出现软件开发人员兼任软件测试和确认工作的情况，这对软件的错误识别、测试结果和确认质量的可信性带来很大疑问；

三是人员资质存在较多问题。软件开发过程中应按照不同分工或专业设置相应的“岗位”，参与每个“岗位”工作人员应该在培训和考核后得到授权。但在实际执行过程中，很多单位软件开发、测试和验证人员并没有经过相应的培训、考核和授权，因此无法对各个“岗位”人员能力进行评估，给软件质量保证工作带来较大隐患；

四是普遍缺少对同行评审和第三方评定的要求。独立的同行评审应在软件开发与评估过程中的每一个重要步骤都有所开展，以便识别出程序中常见的缺陷。软件在应用前需要经过第三方评定，用来确认关键现象重要度并评估其不确定性的影响。虽然大部分软件开展了这方面的工作，但由于缺少相应的规定，因此同行评审和第三方评定的独立性、评审范围和评审程度有时不能得到保证；

五是质量保证监察工作不到位。例如有的单位未对质量保证监察做出规定，有的单位质量保证文件中规定的监查频次不满足核安全导则《核电厂质量保证监查》（HAD003/05）中的规定，还有的单位未按照规定定期开展质量保证监察；

六是质量保证记录的不完善。由于质量保证文件的规定不够具体，因此在执行中经常会出现人员培训和考核、软件测试结果、质量保证流程批复等记录缺失的问题，造成无法为相关质量保证评价工作提供依据。

2. 开发与应用中质量保证改进建议

为了保证燃料棒性能分析软件，以及其他核安全相关计算机软件质量保证工作“有法可依”“有人负责”和“有据可查”，针对软件开发与应用中遇到的主要质量保证问题，在总结软件质量保证评价工作经验的基础上，参照国外先进的质量保证经验，结合我国软件开发与应用中质量保证现状，提出以下几点改进建议：

1）规范核安全相关计算机软件质量工作程序和软件文档的编制

规范核安全相关计算机软件质量工作程序是完善质量保证工作的基础；对软件开发过程中形成的文档提出流程和规范要求，是为了保证开发出来的最终产品质量能满足预期要求。根据现有软件质量保证评价经验，对软件质量工作程序和软件文档编制的改进可以从以下几点入手：

一是规范核安全相关计算机软件质量工作程序的制订：保证软件质量工作程序制订的依据和内容的合规性、要求的可执行性、质量工作程序审批流程的完整性等方面符合相关法规和软件适用性评价的要求；

二是规范软件开发前文档、软件开发过程文档以及软件最终产品文档的编制：应重点关注文档目录和文档编制的完整性、各个文档制定的依据和内容的合规性、审批流程的完整性等方面的内容；

三是规范质量保证监查管理程序及记录：主要包括质保监查管理程序与法规标准的相符性、质保监查的执行情况、质保监查记录和质保监查后问题的改正情况等内容。

2）完善核安全相关计算机软件质量保证工作的执行情况

在完善核安全相关计算机软件质量保证评价标准体系和评价方法的同时，还应增强软件质量保证工作的意识和水平，落实法规标准的要求，保证质量保证人员的独立性，避免进度压力、人员短缺等因素对质量保证工作的影响。具体说来，可以从以下几个方面入手：

一是加强人员资质管理：参与软件开发过程的人员均应经过培训、考核和资格授权。培训的内容和考核的方式应根据不同岗位的具体特点设置，并在质量工作程序等管理文件中予以明确规定。所有人员的培训、考核和资格授权都应有相应的记录；

二是加强设计测试、验证管理程序及执行情况：主要包括设计测试、验证管理程序的制定、审批，以及执行过程中形成的相关记录。其中开发、测试和验证人员的独立性是关注重点，人员的独立性不仅应体现在管理文件中，还体现在技术文档的编制过程中，例如，开发人员不应参与软件验证报告的编写；

三是加强设计变更管理程序及执行情况；主要包括设计变更管理程序的制定、审批，以及变更过程中形成的执行、测试和审批等记录。

3）落实核安全相关计算机软件质量保证的记录和存档工作

"有据可查"是质量保证工作的基本要求。质量保证的相关记录是追溯、评价各项工作开展情况的重要依据。质量保证文件至少应包括记录分类和记录管理制度等两个部分。除上文提到的人员培训、考核和资格授权记录；测试、验证执行情况记录；设计变更管理程序执行、测试和审批等记录外，还应重点关注以下几点：

一是不符合管理程序及处理记录：应制定不符合项管理程序或缺陷管理程序，按照相应的管理程序执行不符合项或缺陷的分类、报告与修复、审查、跟踪和关闭，并采取纠正措施，上述活动需要形成有效的记录并存档；

二是验收测试管理程序及相关记录：应对开发过程中各个阶段的测试或验收方式和标准进行要求，并严格按照相关规定开展工作，形成有效的记录并存档；

三是同行评审和第三方评定的要求及相关记录：对于同行评审，应对重要决策前的独立评审、人员组成等内容提出要求；对于第三方评定，应在质量保证大纲中规定评定的范围和程度。同行评审和第三方评定的时间、主题、方式、参与人员和结论等内容均应形成有效的记录，评审过程中形成的相关记录和技术文档等需要妥善保存。

3.3.2 质保评价现状

1. 软件开发流程的完整性和合规性评估

燃料棒性能分析软件开发流程完整性评价主要是分析软件开发过程是否包含了项目策划、需求分析、理论模型研究、软件设计、编码实现、系统测试、验证与确认、验收发布等几个基本阶段。在开发过程中，可以根据软件特征，对上述各阶段进行合并或拆分，但内容的完整性必须得到保证。

软件开发流程的合规性评价主要是分析每个阶段应开展的活动是否明确，是否采取了适当的控制措施。除此以外，还应制定一份每个阶段各项活动所应形成的文件清单。

项目策划阶段应为整个项目制定可执行的工作计划，确保计划能够指导软件开发工作。本阶段应形成的典型文档包括项目计划/策划书等。

需求分析阶段应在了解用户需求的基础上，将用户非形式的需求转化为完整的需求定义，明确软件在功能、输入输出、性能、文档等方面的要求。本阶段产生的典型文档包括需求分析说明书等。

理论模型研究阶段应在调研分析的基础上，结合已有的理论基础、试验数据和工程经验，研发出能够反映和模拟产品对象在特定环境中行为表现的物理模型和数值算法。本阶段产生的典型文档主要包括理论手册等。

软件设计阶段主要根据需求分析的结果，确定软件系统的整体结构，划分功能模块，形成软件的具体设计方案。软件设计通常包括概要设计和详细设计。概要设计主要包括程序框架、总体流程。详细设计主要包括各模块内部的框架和流程。此阶段产生的典型文档包括总体设计说明书、详细设计说明书等。

编码实现阶段应依据项目概要设计说明书、详细设计说明书将软件设计的结果转换成计算机可运行的程序代码，并开展单元测试工作。本阶段产生的典型文档包括编码计划、编码规范、编码记录等。

系统测试阶段应对系统进行整体测试，以验证软件功能的正确性以及性能等是否满足需要。本阶段产生的典型文档包括使用手册、测试计划、测试报告、测试记录等。

软件验证和确认阶段应确认每个生命周期各阶段特定活动的产品是否满足活动要求以及最终的软件产品是否满足其预期用途和用户需求。本阶段产生的典型文档包括验证与确认大纲、验证与确认报告等。

验收发布阶段是在软件通过系统验收测试、验证与确认后，如果能够满足软件的验收标准，才可发布产品。本阶段产生的典型文档包括验收报告、发布说明书等。

2. 软件质保体系的完整性和合规性评估

燃料棒性能分析软件开发工作常采用核工业相关的质量保证体系，例如美国核质保法规标准体系、国际原子能机构（IAEA）质保体系以及国际标准化组织（ISO）质量管理体系等。上述三个质保体系中大部分质保要素是相同的。

软件质保体系的完整性评价主要是分析软件质保体系中是否包含了基本的质保要素。例如，ASME NQA-1 中包含了以下一些方面的质保规定：组织；质量保证大纲；设计控制；采购文件；指导书、程序和图纸；文件控制；采购物项和服务的控制；物项的标识和控制；过程控制；检验；试验控制；测量和试验设备的控制；搬运、储存和运输；检验、试验和运行状态；不合格物项的控制；纠正措施；质量保证记录；监查。软件质保体系所涵盖的内容不一定与核工业质量保证体系内容一一对应，但必须包含所有与软件开发相关的要素。

软件质保体系的合规性评价主要是分析对每个质保要素的规定是否符合《核电厂质量保证安全规定》（HAF003）等法规导则的规定。在软件质保体系的合规性评价的过程中，可以根据软件质保体系具体特征，参照《核电厂和其他核设施质量保证》（IAEA 50-C-Q）、《核设施质量保证大纲要求》（ASME NQA-1）等国外成熟质保体系要求开展工作。

3. 软件开发过程中质保工作的合规性评估

与其他核动力厂安全分析软件一样，燃料棒性能分析软件开发工作合规性评价，主要是评估软件开发工作是否符合行业标准，特别是软件适用性评价的标准规范。

虽然核动力厂安全分析软件质量保证可以采用核工业质量保证行业标准，例如《核电厂质量保证安全规定》（HAF003）及 HAD003 核安全系列导则，但也有一些专门针对软件本身提出的标准和规范，例如国外的 DOE-STD-1172《安全分析软件质量保证功能领域质量标准》（2011）、NUREG/BR-0167《软件质量保证计划和准则》（1993），以及国内的 EJ/T 694-92《核工业计算机软件质量保证规范》（1994）、EJ/T 890-94《核电厂安全有关计算机软件质量保证细则》（1992）、HAFJ0047《核电厂安全有关的计算机软件质量保证手册》（1994）。

对于软件适用性评价，主要评价依据为国家核安全局发布的导则《核动力厂安全分析用计算机软件开发与应用》，以及配套文件《核动力厂安全分析用计算机软件评价内部管理工作规定》和《核动力厂安全分析用计算机软件评价实施办法》。

在《核动力厂安全分析用计算机软件开发与应用》第 5 章中，对核动力厂安全分析软件工作从质量保证角度提出了详细的要求，这些要求主要包括以下几个方面的内容：

1）文件控制：包括文件的产生、文件编写要求、可追溯性、可修改性等；

2）配置管理：用来保证程序的完整性，并追踪程序版本以及输入模块的开发；

3）工具评定：明确功能和适用范围；

4）纠正措施：包括措施制订、缺陷的报告与修改、对评价结果的影响等方面的内容；

5）第三方评定：用来确认关键现象重要度及评估其不确定性的影响，该评定应独立于开发机构和用户；

6）开发和评估过程的计划：包括开发计划、质量保证计划、测试计划、评估计划、配置管理计划；

7）评价模型开发文件：包括需求说明文件、评价模型方法说明文件、计算子块说明手册、测试验证和分析相关文件、用户手册和用户指南、比例分析报告、评估报告、不确定性分析报告。

4. 软件质保评价的问题和建议

燃料棒性能分析软件质保评价的主要问题与各类核安全相关计算机软件一致，主要体现在质量保证标准规范和评价方法尚不完善。

核安全相关计算机软件质量保证评价是一项严肃而复杂的工作，需要系统的法规标准、规范的评价方法和具体的执行细则作为支撑。

目前，专门针对核安全相关计算机软件质量保证工作的法规标准缺失，造成各软件开发单位在制定质量保证文件、开展质量保证活动时只能依据针对核电厂的质量保证标准和导则，以及针对通用软件的质量保证标准和规范。由于上述文件缺少对核安全相关计算机软件质量保证工作的针对性，因此对软件开发过程中遇到的一些具体情况，无法完全做到“有法可依”。

核安全相关计算机软件质量保证评价工作也有相似的问题。目前可依据的最有效文件是导则《核动力厂安全分析用计算机软件开发与应用》。虽然该导则对软件评价过程中的质量保证提出了要求，但相应的评价方法尚不完善，未形成一套完善的评价流程和评价准则。而且现阶段采用的方法与通用计算机软件较为相似，没有体现出核安全相关计算机软件的自身特点。针对上述问题，亟待完善核安全相关计算机软件质量保证评价标准体系和评价方法。

在开展核安全相关计算机软件质量保证评价过程中，应通过总结软件质量保证评价工作经验、学习国外成熟的标准体系和审评方法等途径，尽快形成适用于我国核安全相关计算机软件评价、更有针对性和可操作性的质量保证标准规范和评价方法，进一步明确评价的目标、要求、评价方法、评价过程中关注的重点问题，用以指导相关工作。从质量计划、风险管理、配置管理、采购管理、软件需求、软件设计、编码实现、软件安全、软件测试、验证与确认、不符合项管理、纠正措施、人员资质等方面进行系统和具体的分析，提出明确的评价要求和验收准则，规范核安全相关计算机软件开发和应用中质量保证工作，也为软件质量保证的评价工作提供依据。

3.4 质保评价方法

3.4.1 软件质保评价活动

安全分析软件质量保证评价活动主要包括：确立质量保证评价需求；根据评价需求和软件描述制定质量保证评价的规格说明；在规格说明的基础上形成质量保证评价计划；按评价计划进行质量保证评价；最终形成质量保证评价结论。

安全分析软件质量保证评价方法包括文件审查和现场检查。文件审查应重点关注软件开发过程质量保证体系的完整性和文档资料的完备性等内容。对于申请方无法通过文件提交或说明的内容，应采用现场检查的形式进行评价。在安全分析软件质量保证评价过程中，原则上应至少开展一次现场检查。

3.4.2 文件审查

评价过程应确保安全分析软件质量保证评价过程具备可重复性、可再现性、公正性和客观性。具体而言，文件审查应包括以下内容：

1）软件质量保证全面审查：审查内容主要包括软件质量保证大纲、质量保证组织、文件控制、配置管理、设计控制、采购控制、工具评定、软件测试、不符合控制、纠正措施、质量保证记录和监查；

2）质量保证大纲内容的完整性审查：质量保证大纲应涵盖评价模型开发与评估过程中使用的设计控制、文件管理，以及错误识别和纠正措施等程序，并应覆盖评价模型开发过程的配置管理和交付后更改控制。应在质量保证大纲或软件质量保证计划中描述评价模型质量要求。质量保证大纲还应对使用说明（用户指南）、纠正措施、文件管理、记录保存、第三方评定的范围和程度等方面提出要求；

3）人员管理程序和执行情况审查：从事评价模型开发与评估的工作人员，应包括热工、物理、辐射防护、材料、力学等专业应用领域专家和计算机软件专家，以及独立的评审专家。对评价模型实施独立测试的人员应与开发团队相互独立；

4）评价模型的设计过程审查：评价模型的设计过程应由文件规定，并应由责任设计单位批准和控制。应确定评价模型的设计要求并形成文件，形成的设计要求文件应予以审查和批准。在评价模型的设计过程的每一活动完成时，应设立评价模型的基线。其后产生的并得到批准的基线变更加入该基线中；

5）文件管理程序和执行情况审查：在开发和评估过程的每一步应产生适当的文件用于记录开发和评估过程。文件应随开发不断更新，包括调试过程和维护过程。需求、设计、编码、测试和评估的文件应清晰和严谨，能够保证设计人员、编程人员和独立审查人员能充分了解每个开发阶段并能验证文件的完整性和正确性；

6）配置管理程序和执行情况审查：在评价模型的整个开发和评估过程中，应实施配置管理来保证程序的完整性、追踪程序版本，并用于模拟核动力厂或设施的核动力厂输入模块的开发；

7）软件开发中使用的工具评定审查：在评价模型开发和评估过程中所使用的软件工具在被正式使用前，需要对所使用的开发、管理或验证工具的功能进行适当的质量审核，并对前述的任何一类工具都明确规定其功能和适用范围；

8）纠正措施和预防措施审查：应关注申请方是否制定了相关措施，以保证当出现故障、错误、缺陷和偏差等不符合时，能及时发现并纠正。在出现重大不符合的情况下，相关措施应保证找到产生不符合的原因，并采取纠正措施和预防措施，以避免重复发生；

9）评价模型独立的第三方评定审查：第三方评定应确认关键现象的重要度，并评估这些关键现象的不确定性对电厂计算的性能指标的影响；

10）评价模型的文件审查：文件应覆盖评价模型开发与评估过程的所有要素，一般包括评价模型需求说明、评价模型方法说明、计算子块说明手册、验证和分析相关文件、用户手册、用户指南和评估报告等。

3.4.3　现场检查

评价人员在开展软件质量保证现场检查时一般应关注以下内容：软件质量保证大纲和质量保证工作程序的制订、软件质量计划、人员资质（例如培训、考核和资格授权记录）、质量保证监查管理程序及记录、设计测试/验证管理程序及执行情况、开发人员与测试/验证人员的独立性、软件需求、设计、验证和确认、测试报告等审查记录、设计变更管理程序及执行情况、不符合管理程序及处理记录、验收测试管理程序及相关记录、软件开发前文档的编制、软件开发过程文档的编制以及软件最终产品文档的编制。

3.5 质保评价关注点

1. 质量保证大纲

质量保证大纲评价的重点是内容的完整性以及与法规标准的相符性，主要评价依据包括：

1）《核电厂质量保证安全规定》（HAF003）以及相关核安全导则 HAD003 系列；

2）《核动力厂安全分析用计算机软件开发与应用（试行）》（2017）；

3）《核电厂安全有关的计算机软件质量保证手册》（HAFJ0047）。

《核电厂质量保证安全规定》和 HAD003 系列核安全导则是《质量保证大纲》评价的基础。《核电厂质量保证安全规定》第二章分三节十二条提出了对核电厂质量保证大纲的基本要求，包括质保大纲编制的要求；程序、细则及图纸的要求；管理部门审查的要求。但上述要求并不是针对核电厂安全分析软件提出的，因此，需要选取其中适用于软件开发的部分作为评价依据。

开展质量保证评价最直接的依据是《核动力厂安全分析用计算机软件开发与应用》，在该文件的第 4.1 节中，对核动力厂安全分析用计算机软件质量保证大纲提出了相应的要求，主要包括以下几个方面的内容：

1）概述：包括质保大纲应涵盖的内容、评价模型开发与评估的控制、质保大纲应提出的要求、评价模型开发与评估的验证与审查、第三方评定的范围与程度等内容；

2）人员要求：包括人员职责与资格、对开发与评估人员的要求、对独立测试人员的要求等内容；

3）开发与评估过程的控制：包括设计过程控制、评价模型基线、设计接口、设计验证与检查、设计变更、文件管理、可追溯性、质量要求和技术标准、测试、缺陷控制和纠正措施等内容；

4）同行评审：包括重要决策前的独立评审、人员组成的要求等内容。

对《质量保证大纲》结构完整性的评价，可以参考《核电厂安全有关的计算机软件质量保证手册》等标准。一个完整的质保报告，可以包含引言、软件寿期、质量保证大纲、组织、软件文件控制、配置管理、媒体和服务控制、设计控制、采购控制、测试、不符合项控制、纠正措施、记录和监察等部分。

2. 质量工作程序

质量工作程序的评价重点包括程序的完整性、与法规标准的相符性以及与《质量保证大纲》的一致性，主要评价依据包括：

1）《核电厂质量保证安全规定》（HAF003）及 HAD003 核安全导则系列；

2）《核动力厂安全分析用计算机软件开发与应用（试行）》（2017）；

3）《质量保证大纲》。

与《质量保证大纲》的评估相似，《核电厂质量保证安全规定》和 HAD003 系列核安全导则也是质量工作程序评估的基础，而《核动力厂安全分析用计算机软件开发与应用》导则是质量工作程序评估最直接的依据。

在《核动力厂安全分析用计算机软件开发与应用》中，虽然没有对质量工作程序的编制有直接规定，但在第 5 章中对安全分析用计算机软件开发的质量保证提出了相应的要求，可以作为质量工作程序评估的依据。

质量工作程序与《质量保证大纲》的一致性也是评价的重点。作为《质量保证大纲》的支持性文件，质量工作程序中的规定需要与《质量保证大纲》保持一致。不同质量工作程序之间的规定不能相互冲突，每份质量工作程序的规定应该自洽。

3. 配置管理

配置管理的目的是保证评价模型开发与评估过程中程序的完整性，保存并追溯程序的各个版本。配置管理的主要关注点包括：

1）配置管理计划：明确要求软件开发和评估过程中涉及的所有重要物项都置于配置管理的控制中；

2）配置库管理：应设置配置库存放所有配置管理中的项目，以便通过标识检索项目；

3）配置项标识：所有配置管理中的项目都应给与包括版本号在内的唯一标识；

4）基线控制：基线应当是稳定的，以之为基准，将基线建立以后所有的变更记录下来，并在下一次配置基线时合并后形成新的基准；

5）变更控制：配置管理中的项目发生变更时应形成相应的文件，变更应经过审查、测试、评价和记录，以保证所有变更都是可控的。

4. 编码规范

在核电厂安全分析软件开发过程中，编码规范可以有两种理解，一种是用于对程序版本、文件等项目进行编号、标识的规范，按照《核动力厂安全分析用计算机软件》《核电厂安全有关的计算机软件质量保证手册》《核动力厂安全分析用计算机软件开发与应用》等文件的相关规定，其基本要求是标识的唯一性和可追溯性，便于程序和文件的归档、识别、检索、跟踪和存贮，这通常属于配置管理的范畴。而编码规范的另一种理解，也是本节所讨论的，是用于规范编程、版本管理和变更、代码检查的规范。

对于编码规范，应重点关注以下几项内容：

1）规范编程语言：代码应该是可验证、可测试的。为了便于进行人工检查，代码应该高度组织化并充分注释，以增加可读性、可维护性，方便理解；

2）规范版本管理和变更控制：编程过程中应保持各个版本之间的协调和一致，对于变更应该进行全面的测试。编码过程中应使用可靠的、经过充分确认的软件工具，且不同阶段所使用的工具应是兼容的；

3）代码测试：代码测试的目的是保证编码的正确性和完备性。测试应该结合单元测试和人工测试等多种方式。

5. 文档编制

文档编制规范的目的主要是对评价模型开发、测试、验证和确认、评价过程中编写的文档进行质量控制。对于文档编制规范，应重点关注以下几项内容：

1）文档应明确所覆盖的范围与要求；

2）文档必须与法律法规、标准规范及相关文件的要求相符合；

3）各项工作程序要给出具体的操作程序或步骤；

4）文档必须文字简洁、表达完整、语言明确，可被不同专业的人员理解；

5）文档需保证设计决策的可追溯性，以便证明评价模型的需求和设计得到了正确、完整的实现，并能建立需求、设计和实现之间的联系；

6）文档内容应自洽，不应包含相互矛盾的语句，且在文档中符号、术语应保持一致；

7）文档应具有可修改性，文档的结构和风格应在修改过程中保持一致。

6. 软件评审

在 HAF003《核电厂质量保证安全规定》中规定“设计控制措施必须为验证设计和设计方法是否恰当作出规定”，而设计审查就是其中的一种方式。

在《核动力厂安全分析用计算机软件开发与应用》导则中，与软件评审相关的内容包括同行评审和第三方评定：

1）独立的同行评审应在评价模型开发与评估过程中的每一个重要步骤都有所开展，开展同行评审的目的主要是识别出大型系统计算程序中常见的缺陷；

2）评价模型在应用时需要经过第三方评定。第三方评定的目的包括确认关键现象的重要度、评估这些关键现象的不确定性对电厂计算的性能指标的影响、评价模型适宜性。最终评价模型评定应尽可能在最终的版本上进行。

基于法规标准的要求，结合软件开发过程中的常见做法，在软件评审质量工作程序的制定过程中，通常关注以下几项内容：

1）评审目的：评价达到质量要求的程度、发现问题、提出解决办法；

2）评审计划的执行：包括需求评审、总体和详细设计评审、验证与确认计划评审、功能审查、物理审查、综合审查、管理评审、评审时间等内容；

3）评审方式：对不同重要程度成果采用不同方式评审，包括内部评审、外部专家评审、第三方独立评价等；

4）评审的人员要求；

5）评审结论的认可与实施；

6）评审记录的保存。

7. 软件验证

在 HAF003《核电厂质量保证安全规定》中规定“设计验证必须由未参加原设计的人员或小组进行。必须由设计单位确定验证方法，并必须按规定的范围用文件给出设计验证结果”。

在《核动力厂安全分析用计算机软件开发与应用》导则的名词解释中，对验证与确认进行了明确的定义和区分，并规定“应采取设计控制措施验证或检查设计的适宜性”，且“设计验证或检查过程应由与原设计无关的个人或小组执行，但他们可能从属于同一个组织”。

在软件验证程序的制定过程中，应关注以下几项内容：

1）软件验证目的：应满足所有设计要求，包括设计输入、设计过程的计划与实施；

2）软件验证与确认方法：包括同类程序对比、实测数据（试验数据、电厂运行数据）、基准题等，但需要说明的是，在核电厂安全分析软件评价过程中，同类程序对比结果只能作为参考，不能作为软件评价的直接依据；

3）验证人员的资质：应保持独立，并经过培训、考核和授权；

4）第三方验证的程度与范围。

8. 软件不符合项处理

在 HAF003《核电厂质量保证安全规定》中，对软件不符合项处理的规定主要包括以下内容：

1）不符合项控制措施：包括制定控制措施、制定控制下一步工序的措施、不符合项报告主要内容、保留不符合项处置记录等；

2）不符合项的审查和处理：包括不符合项的审查、不符合项的分类、不符合项的处置方式等；

3）纠正措施：应制定措施并形成文件。

在《核动力厂安全分析用计算机软件开发与应用》导则中，对不符合项处理的要求主要包括：

1）应制定措施，以便及时发现并纠正不符合项：主要包括找到产生不符合项的原因、采取纠正措施和预防措施、不符合项的记录和报告等；

2）发现不符合项应向开发者报告，由程序开发者进行修改；

3）故障、错误、缺陷和偏差的追踪和修正应具有持续性。

在制订软件不符合项处理质量工作程序时，建议同时关注软件的不符合项处理流程，以及纠正和预防措施两个方面的内容。

其中软件的不符合项处理流程主要包括：

1）不符合项分类；

2）不符合项报告与修复；

3）不符合项审查；

4）不符合项跟踪检查；

5）不符合项关闭。

纠正和预防措施主要包括：

1）纠正和预防措施的制定；

2）纠正和预防措施的实施；

3）纠正和预防措施的跟踪检查。

值得注意的是，在一些核电厂安全分析软件的质量保证程序中，经常用“缺陷”来代替“不符合项”，以便和核电厂中“不符合项”的概念进行区分，但缺陷管理和不符合项管理的程序和要求是基本相同的。

9. 质保现场检查关注点

基于核电厂质量保证相关法规和软件评价的相关规定，结合软件评价工作经验，在开展软件质量保证现场检查时一般应关注以下内容：

1）软件质量工作程序的制定：主要包括软件质量工作程序制定的依据、内容的合规性、要求的可执行性、质量工作程序审批流程的完整性等内容；

2）软件开发前文档、软件开发过程文档以及软件最终产品文档的编制：主要包括文档目录和文档编制的完整性，以及各个文档制定的依据、内容的合规性、审批流程的完整性等方面的内容；

3）质保监查管理程序及记录：主要包括审查质保监查管理程序与法规标准的相符性、质保监查的执行情况、质保监查记录和质保监查后问题的改正情况等内容，特别需要注意质保监查的频次应满足核安全导则 HAD003/05《核电厂质量保证监查》第4.1.2 节“频度”中的规定；

4）人员资质（参与人员的培训、考核和资格授权记录）：软件开发过程中应按照不同分工或专业设置相应的“岗位”，参与每个“岗位”工作人员应该经过培训和考核后得到授权。培训的内容和考核的方式应根据不同岗位的特点设置，并在质量工作程序等管理文件中予以规定。所有人员的培训、考核和资格授权都应有相应的记录；

5）设计测试/验证管理程序及执行情况：主要包括设计测试/验证管理程序的制定、

审批，以及执行过程中形成的相关记录，其中开发、测试和验证人员的独立性是关注重点。对人员的独立性的评价不仅应关注管理文件，还应关注执行情况。例如，如果发现软件开发人员参与了软件验证确认报告的编写，则说明相关管理文件的人员独立性要求在软件开发过程中可能没有被严格执行；

6）设计变更管理程序及执行情况：主要包括设计变更管理程序的制定、审批，以及变更过程中形成的执行、测试和审批等记录；

7）不符合管理程序及处理记录：应制定不符合项管理程序或缺陷管理程序，按照相应的管理程序执行不符合项或缺陷的分类、报告与修复、审查、跟踪和关闭，并采取纠正措施。上述活动需要形成有效的记录；

8）验收测试管理程序及相关记录：应对开发过程中各个阶段的测试或验收方式和标准进行要求，并严格按照相关规定开展工作，形成有效的记录。

参考文献

[1] 核电厂和燃料后处理厂质量保证准则，10CFR50 附录 B.1970.

[2] 核设施质量保证大纲要求，ASME NQA-1.2017.

[3] 核电厂质量保证安全规定，IAEA 50-C-QA.1978.

[4] 核电厂和其他核设施质量保证，IAEA 50-C-Q.1996.

[5] 核电厂质量保证安全规定，HAF003.1991.

[6] 计算机软件开发规范，GB 8566.2007.

[7] 核动力厂安全分析用计算机软件开发与应用（试行）. 2017.

[8] 核动力厂安全分析用计算机软件评价内部管理工作程序. 2017.

[9] 核动力厂安全分析用计算机软件评价实施办法. 2017.

[10] 核安全管理，10CFR830.2001.

[11] 质量保证，DOE O 414.1C.2005.

[12] 10CFR830 Subpart A“质量保证要求”和 DOE O 414.1C“质量保证”在核安全分析软件中应用，DOE G 414.1-4.2005.

[13] 核设施和活动相关安全分析软件质量保证功能、职责和权限，DOE N 411.1.2003.

[14] 安全分析软件质量保证功能领域质量标准，DOE-STD-1172.2011.

[15] 软件质量保证计划和准则，NUREG/BR-0167.1993.

[16] 核工业计算机软件质量保证规范，EJ/T 694-92.1994.

[17] 核电厂安全有关计算机软件质量保证细则，EJ/T 890-94.1992.

[18] 核电厂安全有关的计算机软件质量保证手册，HAFJ0047，1994.

第四章　软件需求分析

4.1　概　述

软件需求分析是燃料棒性能分析软件适用性评价的出发点，决定着软件功能、理论模型、验证与确认、不确定性分析等部分的评价范围。

燃料棒性能分析软件需求分析应明确评价模型开发与评估过程中的关注重点，为识别燃料棒性能分析过程中的计算对象、物理过程和关键参数打下基础。应从功能需求、接口需求及其他各方面的需求等方面评估需求的明确性，以保证软件的设计开发符合实际需求。审评人员应根据每个燃料棒性能分析软件的具体情况对其需求分析进行评价。

4.2　功能需求

本书所关注的软件是分析燃料棒在Ⅰ、Ⅱ类工况下堆内性能的燃料棒性能分析软件。因此，软件功能需求通常与燃料棒Ⅰ、Ⅱ类工况下的设计准则相关。不同法规标准中的设计准则有所不同，但大多包括包壳自立准则、包壳蠕变坍塌准则、包壳应力准则、包壳应变准则、包壳疲劳准则、包壳腐蚀和磨蚀准则、包壳温度准则、燃料温度准则、燃料棒弹簧准则、燃料棒内压准则和燃料棒当量水含量准则，各项准则与燃料棒性能分析软件功能需求的关系如下所述：

1）包壳自立准则：可以通过寿期初包壳坍塌的临界压差来判断包壳能否保持自立，包壳自立准则一般不在燃料棒性能分析软件功能需求范围之内；

2）包壳蠕变坍塌准则：可以通过计算燃料棒包壳在堆内辐照期间的椭圆度及表面应力、应变来判断包壳是否会发生蠕变坍塌。计算过程中除了需要弹性模型、蠕变模型和物性模型以外，还需要一般燃料棒性能分析软件所不具备的坍塌模型。因此包壳蠕变坍塌准则一般不在燃料棒性能分析软件功能需求范围之内；

3）包壳应力准则：对于各类包壳材料，由于力学性能有所不同，因此应力准则限值也有所差异，常见的技术限值包括包壳表面应力、包壳表面应变能密度和包壳体积平均有效应力。包壳应力主要与 PCI 现象相关，因此可以使用燃料棒性能分析软件计算。但对于芯块掉块、夹楔等非典型 PCI 现象，则需要使用引入修正模型的 PCI 分析软件进行分析；

4）包壳应变准则：该准则包含稳态运行和瞬态运行等两项准则，包壳应变可以通过燃料棒性能分析软件计算，因此包壳应变准则属于该软件的典型功能需求；

5）包壳疲劳准则：燃料棒性能分析软件可以计算循环载荷的应力幅值，但一般不具备计算允许循环次数和累积疲劳损伤因子的功能，因此包壳疲劳准则一般不在燃料棒性能分析软件功能需求范围之内，但燃料棒性能分析软件可以为该准则的计算提供必要的输入；

6）包壳腐蚀和磨蚀准则：包壳腐蚀层厚度可以通过燃料棒性能分析软件计算，因此包壳腐蚀准则属于该软件典型的功能需求；

7）包壳温度准则：该准则包括稳态运行和短期瞬态运行等两项准则，包壳温度可以通过燃料棒性能分析软件计算，因此能够作为该软件的功能需求。但对于现有包壳，由于温度准则较为保守，可以被其他准则包络，因此燃料棒性能分析软件的功能需求中大都不包含该准则；

8）燃料温度准则：燃料温度可以通过燃料棒性能分析软件计算，因此燃料温度准则属于该软件典型的功能需求；

9）燃料棒弹簧准则：该准则不用来约束Ⅰ、Ⅱ类工况，因此不属于燃料棒性能分析软件功能需求范围；

10）燃料棒内压准则：燃料棒内压可以通过燃料棒性能分析软件计算，因此燃料棒内压准则属于该软件典型的功能需求；

11）燃料棒当量水含量准则：燃料棒当量水含量无法通过燃料棒性能分析软件计算得到，因此该准则不属于燃料棒性能分析软件功能需求范围；

12）燃料组件生长准则：本准则要求燃料组件考虑到所有尺寸变化因素，应允许燃料棒和组件轴向和径向膨胀。本准则属于燃料组件的验收准则，但其中燃料棒轴向生长的分析可以由燃料棒性能分析软件完成。

综上所述，燃料棒性能分析软件典型的功能需求包括包壳应变准则、包壳腐蚀和磨蚀准则、燃料温度准则、燃料棒内压准则的分析，部分软件功能需求还包括包壳应力准则、包壳温度准则和燃料棒轴向生长准则的分析。此外燃料棒性能分析软件还可以为包壳疲劳准则的分析提供输入。而包壳自立准则、包壳蠕变坍塌准则、燃料棒弹簧准则和燃料棒当量水含量准则的分析一般不属于燃料棒性能分析软件的功能需求。

在软件评价过程中，应明确燃料棒性能分析软件的功能需求。评价人员应基于软件的功能需求，对功能和理论模型的完整性进行评价。

4.3 接口需求

燃料棒性能分析软件外部接口包括用户接口、硬件接口和软件接口。

用户接口主要包括软件的输入和输出：

1）输入接口：应明确软件输入的格式、参数名称和参数含义的对应关系、参数单位以及一些编写输入卡时需要注意的问题；

2）输出接口：应明确软件输出的格式、参数名称和参数含义的对应关系、参数单位以及错误提示信息等。

燃料棒性能分析软件与其他软件的接口，主要包括与上游中子学分析和热工水力分析等软件的接口，以及与下游燃料棒事故分析和 PCI 分析等软件的接口：

1）上游输入接口：主要是中子学数据和热工水力数据，前者包括燃料棒功率史、功率分布、中子注量率随燃耗的变化等数据；后者包括冷却剂温度、冷却剂压力、冷却剂流速、冷却通道水力当量直径和冷却通道热工当量直径等数据；

2）下游输出接口：可以为燃料棒事故分析和 PCI 分析等软件提供燃料初始状态参数。

在开展需求评价时，除了要明确燃料棒性能分析软件与上下游软件的接口项，还应关注对接口参数的取值要求。对于采用最佳估算值和采用保守值的接口项，其评价方法也应有所区别。

4.4 非功能需求

每个燃料棒性能分析软件的其他非功能需求都有所不同，需要根据每个软件自身的特征进行评价，本书给出几种较为常见的非功能需求类型：

1）硬件环境需求和软件环境需求；

2）性能需求：例如计算速度和计算结果精度要求等；

3）安全性和保密性需求；

4）软件质量需求：例如可用性、可靠性、健壮性、可维护性和可扩展性等；

5）软件编程需求：包括源代码的可读性、可维护性、健壮性，以及注释和报错信息的规范性等；

6）文档需求：包括用户手册、在线帮助系统等；

7）设计约束。

非功能需求不一定完全包含上述内容，也不局限于上述内容。审评人员应根据每个燃料棒性能分析软件的具体情况开展评价。

第五章　软件功能

5.1 概　述

软件功能完整性评价应基于软件功能需求开展。而软件功能的范围又决定了软件应具备的基本理论模型。燃料棒性能分析软件主要用于分析在Ⅰ、Ⅱ类工况下燃料棒的堆内性能，包括热学性能、力学性能、裂变气体释放、内压、腐蚀和吸氢性能，并为Ⅲ、Ⅳ类工况下燃料棒性能分析提供初始数据。该类型软件一般具备计算以下参数的功能：

1. 包壳热力学性能参数

1）包壳温度分布；

2）包壳应变：包括弹性应变、塑性应变、蠕变和辐照生长等；

3）包壳应力；

4）包壳腐蚀、吸氢。

2. 芯块热力学性能参数

1）芯块温度分布；

2）芯块应变：弹性应变、密实、固体肿胀、气体肿胀和重定位；

3）裂变气体释放；

4）径向功率分布。

3. 燃料棒性能参数

1）芯块–包壳相互作用；

2）芯块–包壳间隙温度；

3）燃料棒内压。

5.2 功能评价

不同燃料棒性能分析软件的功能需求不同，其功能也不完全一致，但燃料棒性能分析软件的功能必须满足其所有功能需求的要求。

参考国际成熟软件的功能，结合自主化软件评价经验，各专业软件一般应包括的主要功能需求以及其对应的功能如表 5-1 所示：

表 5-1　软件主要功能

功能需求	功能
芯块温度准则	芯块中心温度
包壳应变准则	包壳外径
包壳应力准则	包壳应力
内压准则	裂变气体释放
	内压
包壳腐蚀准则	包壳腐蚀层厚度
包壳吸氢准则	包壳吸氢
辐照生长（组件）准则	燃料棒辐照生长

表 5-1 中芯块中心温度计算、包壳外径计算、包壳应力计算、裂变气体释放及内压计算、包壳腐蚀层厚度计算、包壳吸氢计算、燃料棒辐照生长计算等功能均与燃料棒验收准则密切相关，因此在审查软件功能完整性时应给予重点关注。此外，软件接口功能也可能涉及中子学参数、热工水力参数和燃料棒参数的计算，可以参照准则相关参数的评价方法进行评价。

需要说明的是，软件适用性评价并不会对软件所具备的所有功能都进行评价，而是重点关注与软件应用对象安全分析相关参数的分析功能。基于软件需求，当软件功能可以覆盖其所有功能需求，以及与上下游软件的接口需求时，可以认为该软件的功能是完整的。本章节只关注功能的完整性，每项功能计算的正确性和适用性，需要后续根据软件理论模型和验证确认的情况进行评价。

第六章 软件理论模型

6.1 概 述

理论模型的完整性和适用性是软件评价工作的重点之一。理论模型完整性的评价应基于软件功能开展。由于不同燃料棒性能分析软件功能有所差异，因此其理论模型也会有所不同。但理论模型必须能够保证所有功能的实现。通常而言，燃料棒性能分析模型主要包括：

1）热学模型：包括芯块热导率、包壳热导率、氧化膜热导率、杂质热导率、气体热导率、间隙传热、气腔温度、高燃耗边缘效应、储能、冷却剂温度和传热系数、径向功率分布等模型；

2）力学模型：包括芯块密实、芯块固体肿胀、芯块气体肿胀、芯块重定位、芯块晶粒生长、包壳辐照生长、包壳蠕变、包壳弹性应变、包壳塑性应变等模型；

3）裂变气体释放及内压模型：包括裂变气体释放、氦气释放、氦气释放、燃料棒内压等模型；

4）腐蚀吸氢模型：包括包壳腐蚀、包壳吸氢等模型；

5）材料模型：包括芯块熔点、芯块焓值、芯块比热、芯块发射率、芯块密度、芯块热膨胀、芯块弹性模量、芯块泊松比、包壳熔点、包壳比热、包壳发射率、包壳密度、包壳热膨胀、包壳弹性模量、包壳泊松比、包壳屈服强度、包壳抗拉强度、包壳梅氏硬度、包壳退火等模型。

理论模型适用性评价应结合软件应用对象开展。在理论模型适用性评价过程中应关注以下几点：

1）理论模型开发的试验环境是否与应用对象运行环境相适应：如果环境有所差异，应开展适用性分析，或对理论模型进行标定以消除环境差异带来的影响；

2）理论模型的适用范围能够覆盖应用对象的参数范围：当理论模型的适用范围无法覆盖应用对象的参数范围时，应通过其他手段对理论模型关键参数外推的合理性进行论证。

如果软件理论模型无法满足上述两个条件，则不能认为理论模型适用于应用对象。即使是经典理论模型，不经过标定和确认，也不能认为其满足应用对象分析的需求。

6.2　计算方法

6.2.1　离散方法

由于燃料棒的性能参数随时间和空间不断变化，因此，为了准确预测燃料棒堆内性能，必须进行时间离散化和空间离散化。

在燃料棒性能分析软件中，时间离散化即对燃料棒辐照历史（功率历史、中子注量率历史、热工水力历史）进行离散化。时间的离散化是通过连续的恒定功率水平来考虑的：每个时间步的辐照条件值是恒定的（如线功率、中子注量率、反应堆运行工况），并假定辐照条件的改变是瞬时的，在时间步初考虑功率变化或者辐照条件变化引起的瞬时影响，在时间步末考虑燃耗和时间的效应。

部分燃料棒性能分析软件时间离散化采用的是宏观时间划分与微观时间划分相结合的方式。宏观时间划分是用户通过输入文件确定的；微观时间步是软件在宏观时间步内进一步划分出来的小时间步，可以帮助分析过程能更快的收敛。

燃料棒性能分析软件多采用准 2 维的几何模型，即燃料棒在轴向上分段，对每一轴向段进行一维径向分析，不考虑轴向和方位角效应（芯块偏心和开裂、轴向热流、沙漏效应等）。图 6-1、图 6-2 给出了空间离散化示意图。

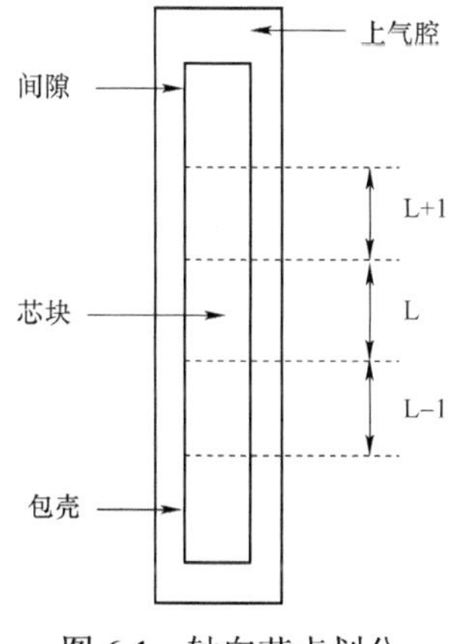

图 6-1　轴向节点划分

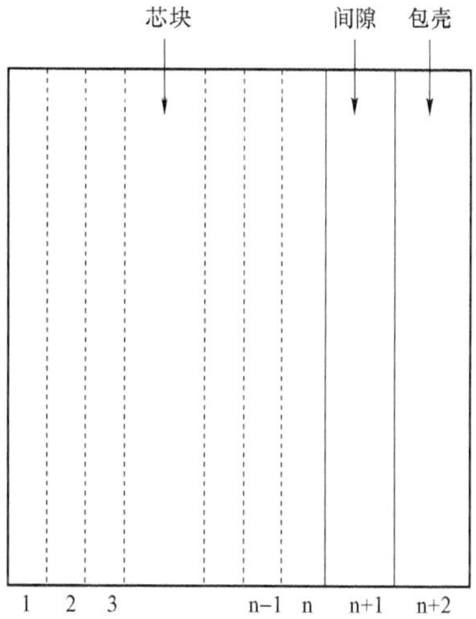

图 6-2　径向节点划分

6.2.2 计算流程

燃料棒性能分析软件计算流程通常存在两个循环和一个迭代，典型的计算流程图如图 6-3 所示。

1）两个时间步循环分别是时间步循环和轴向段循环，时间步循环为外循环；

2）一个迭代是热力机械迭代。每个轴向段都存在热力机械迭代，收敛判断标准是间隙尺寸或者接触压力是否收敛。

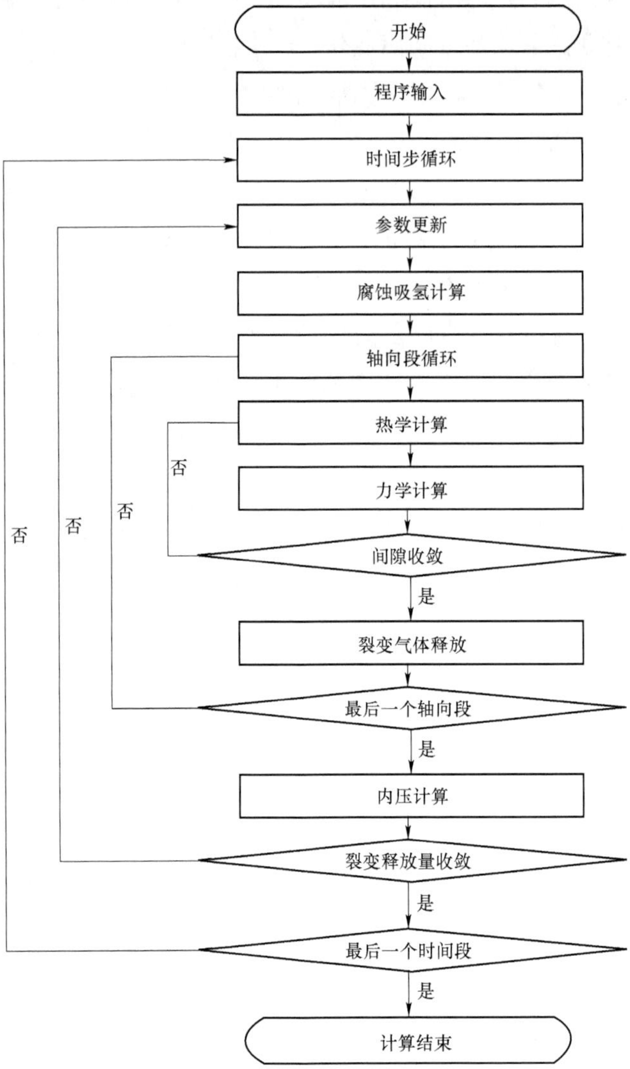

图 6-3　计算总流程图

6.3　典型理论模型概述

6.3.1　热学模型

温度是燃料棒在堆内运行中各种物理现象的主导因素，传热计算可以求出燃料棒各个部分的温度分布。燃料棒性能分析程序大多数为单棒计算程序，其传热过程一般可考虑为单个通道内的、以流体冷却为边界、内部为径向热传导的传热问题。对于不同的分析程序，传热模型的形式基本相同，但在一些关系式的选用上可能不同。

与燃料温度计算中应考虑的现象包括：

（1）燃料外壁面和冷却剂的传热；

（2）芯块包壳间隙导热；

（3）间隙闭合换热；

（4）燃料热传导；

（5）燃料径向功率分布。

热学模型的功能是计算燃料棒温度分布和径向功率分布。燃料棒温度分布包括冷却剂温度、包壳温度、间隙温度和芯块温度。

求解燃料棒传热方程通常基于如下假设：

（1）燃料棒是轴对称的圆柱形，不考虑方位角效应的影响；

（2）燃料棒芯块和包壳只考虑径向传热，忽略轴向传热和周向传热；

（3）同一个轴向段上功率是均匀的；

（4）忽略包壳产热。

热学计算流程图如图 6-4 所示。

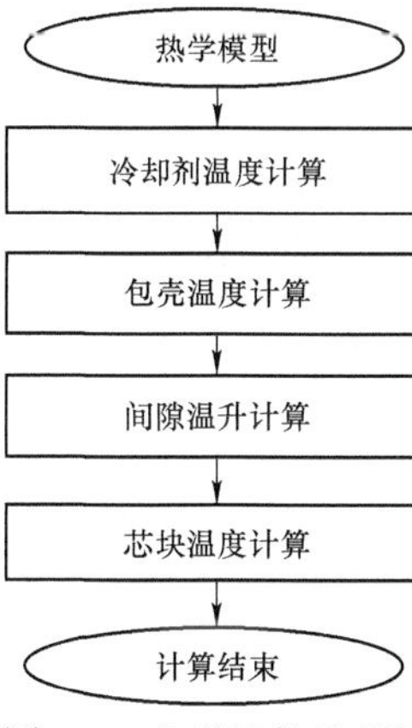

图 6-4　热学计算流程图

1. 冷却剂温度

计算冷却剂温度时，一般假定分析区域是封闭的单通道。因此可以采用单通道模型计算冷却剂在各个轴向高度的焓升，再利用水蒸气物性表计算冷却剂的温度：

$$T(z)=T_{in}+\int_0^z\left[\frac{(\pi D_0)\cdot q''(z)}{C_p G A_f}\right]\mathrm{d}z \tag{6.1}$$

$T(z)$：轴向位置冷却剂温度（K）

T_{in}：进口冷却剂温度（K）

$q''(z)$：轴向位置燃料棒表面热流密度（W/m²）

C_p：冷却剂比热［J/（kg・K）］

G：冷却剂质量流量［kg/（m²・s）］

A_f：冷却剂通道面积（m²）

D_0：包壳外径（m）

2. 冷却剂－包壳换热

在反应堆Ⅰ、Ⅱ类工况下，冷却剂－包壳对流换热模式包括两种：强迫对流换热和泡核沸腾传热。

1）发生沸腾前，可以采用 Dittus-Boelter 关系式计算强迫对流换热：

$$h_f=\left(\frac{0.023k}{D_e}\right)R_e^{0.8}P_r^{0.4} \tag{6.2}$$

h_f：关系式换热系数［W/（m²・K）］

k：冷却剂的导热系数［W/（m・K）］

D_e：冷却剂通道的加热直径（m）

R_e：雷诺数

P_r：普朗特数

2）发生泡核沸腾后，燃料外表面温度通过与饱和温度的差值可以采用 Jens-Lottes 关系式计算：

$$\Delta T_{JL}(z)=60\left[\frac{q''(z)}{10^6}\right]^{0.25}/\,\mathrm{e}^{(P/6.2\times10^6)} \tag{6.3}$$

$\Delta T_{JL}(z)$：燃料棒表面冷却剂边界层温差（K）

P：系统压力（Pa）

3）燃料外表面温度一般为上述两项的最小值。

3. 包壳温度分布

包壳温升可以采用圆筒壁面的稳态传热公式，通过积分热导等方法计算。在计算过程中，不考虑包壳产热，仅考虑包壳径向导热。如果把包壳视为圆柱体，包壳内外壁温差可以用下面关系式计算：

$$\Delta T_c(z)=\frac{q''(z)r_0\ln(r_{c0}/r_{cr})}{k_c} \tag{6.4}$$

$\Delta T_c(z)$：包壳内外表面温差（K）

r_{c0}：包壳内径（m）

r_{cr}：包壳外径（m）

k_c：包壳导热系数［W/（m^2 • K）］

4. 芯块–包壳间隙传热

芯块–包壳间隙传热用于计算间隙温升，间隙传热包括三部分：气体导热、辐射换热和接触热导（芯块–包壳间隙闭合）：

$$h_{gap}=h_r+h_{gas}+h_c \tag{6.5}$$

h_{gap}：间隙换热系数［W/（m^2 • K）］

h_r：辐射换热系数［W/（m^2 • K）］

h_{gas}：间隙气体换热系数［W/（m^2 • K）］

h_c：接触换热系数［W/（m^2 • K）］

1）辐射换热：从燃料到包壳的辐射传热可以看作无限大的圆柱体间辐射换热。包壳与芯块之间的辐射换热系数可以采用 Stefan-Boltzmann 定律和 Kirchhoff 定律计算：

$$h_r=K\frac{T_f^4-T_c^4}{T_f-T_c} \tag{6.6}$$

式中，

$$K=\sigma_{rad}\frac{\varepsilon_f\varepsilon_c}{\varepsilon_f+\varepsilon_c-\varepsilon_f\varepsilon_c} \tag{6.7}$$

σ_{rad}：Stefan-Boltzmann 常数［$5.67*10^8$W/（m^2 • K^4）］

T_f：芯块外表面温度（K）

T_c：包壳内表面温度（K）

ε_f：芯块发射率

ε_c：包壳发射率

2）气体导热：芯块–包壳间隙尺寸与间隙气体的平均自由程是可比拟的，因此需要考虑不连续效应。通过修正傅里叶定律将不连续效应考虑到导热方程中：

$$h_{gas}=\frac{\lambda}{\delta+g_1+g_2} \tag{6.8}$$

λ：气体热导率［W/（m • K）］

δ：芯块–包壳间隙（m）

g_1+g_2：芯块外表面与包壳外壁的温度跃变距离（m）

芯块外表面与包壳外壁的温度跃变距离可以利用气体动力学理论和KNUDSEN理论计算得到。但其计算结果只适用于单一组分气体，需要进行一定的修正后才能应用到混合气体。纯气体的热导率与穿过假想平面的分子能量总和有关，由于包壳和芯块都具有一定粗糙度，因此在计算气体的热导率时还必须考虑粗糙度的影响。

3）接触导热：接触热导模型可以采用Mikic-Todreas基于GARNIER数据开发的修正模型。它保留粗糙度、导热率和压力之间的相互关系，可以对GARNIER和BEGEJ的接触导热测量数据提供最佳估算值：

$$h_c=\begin{cases}\dfrac{0.416\,6\lambda_{avg}P_r\alpha}{\sigma_{com}E'}, & P_r>0.003\\ \dfrac{0.001\,25\lambda_{avg}}{\sigma_{com}E'}, & 9.0\times10^{-6}\leqslant P_r\leqslant0.003\\ \dfrac{0.416\,6\lambda_{avg}P_r^{0.5}}{\sigma_{com}E'}, & <9.0\times10^{-6}\end{cases}\tag{6.9}$$

式中，

$$E'=\exp[5.738-0.528\ln(3.937\times10^7\sigma_f)]\tag{6.10}$$

$$\alpha=\begin{cases}2.9, & P_r>0.008\,7\\ 333.3P_r, & P_r\leqslant0.008\,7\end{cases}\tag{6.11}$$

λ_{avg}：平均热导率［W/（m・K）］

σ_{com}：联合粗糙度（m）

σ_f：芯块表面粗糙度（m）

P_r：接触压力与梅氏硬度的比值

5. 芯块温度分布

芯块温度分布在计算中分为稳态工况和瞬态工况，两者的差别是稳态工况不考虑芯块导热方程中温度对时间的偏导项。

1）稳态工况：稳态工况下，基于芯块导热方程，可以采用Newton-Raphson等数值计算方法依次从外到内计算每个环节点的温度：

$$\frac{1}{r}\frac{\partial}{\partial r}\left(\lambda(T)\cdot r\frac{\partial T}{\partial r}\right)=-q'''(r)$$

$$\begin{cases}r=r_{f0} & \left.\dfrac{\partial T}{\partial r}\right|_{r=r_{f0}}=0\\ r=r_{fr} & T=T_f\end{cases}\tag{6.12}$$

$-q'''$：芯块局部体积热功率（W/m^3）

λ：芯块热导率［W/（m·K）］

r_{f0}：芯块内径（m）

r_{fr}：芯块外径（m）

2）瞬态工况：在瞬态工况下，每个迭代步的芯块温度计算值与上个迭代步的芯块所有节点温度的尝试值相关，因此可以采用多维 Newton-Raphson 等数值计算方法计算其他迭代步芯块温度：

$$\frac{1}{r}\frac{\partial}{\partial r}\left(\lambda(T)\cdot r\frac{\partial T}{\partial r}\right)=-q'''_{\text{eff}}(r) \tag{6.13}$$

式中

$$q'''_{\text{eff}}(r)=q'''(r)-\rho C_p\frac{\partial T}{\partial t} \tag{6.14}$$

ρ：芯块密度（kg/m^3）

C_p：比定压热容［J/（kg·K）］

6. 径向功率分布

芯块内径向功率分布是富集度和燃料燃耗的函数。每一轴向段上局部分布可由不同燃耗、不同富集度下的径向功率分布表插值获得。此分布既适用于实心燃料芯块，也可以应用于环形芯块。

利用堆芯物理计算得到的径向功率分布表格，通过插值方式，可以计算某个燃耗下的芯块径向功率分布因子。此外，还需要考虑密度对径向功率分布的影响：

$$f'(r)=f(r)\cdot\rho'(r) \tag{6.15}$$

$\rho'(r)$：芯块相对密度（%）

$f(r)$：芯块径向功率分布因子

$f'(r)$：密度修正后的芯块径向功率分布因子

6.3.2　力学模型

由于芯块与包壳之间的换热系数与其间隙大小或接触应力大小相关，且包壳应力是判断包壳是否会失效的重要准则，因此对芯块、包壳的力学响应作出较为精确的计算，是燃料棒性能分析程序的重要功能。

芯块的力学模型可以分为接触前和接触后两种状态，而从求解方式来看，可以分为联立方程求解和采用力学手册公式进行解析计算两种方式。其中，联立方程求解认为力学模型中考虑芯块为刚性的，因此称作刚性芯块模型，一般来说，燃料棒性能分析程序多采用刚性芯块模型。

力学模型的功能是计算包壳与芯块的力学行为，包括包壳应力、包壳弹性应变、包壳塑性应变、包壳蠕变、包壳辐照生长、芯块应力、芯块弹性应变、芯块肿胀、芯块密实、芯块重定位等。

燃料棒性能分析软件在对燃料棒力学行为进行分析过程中，通过求解几何方程、应力平衡方程、轴向力平衡方程和本构关系式，得到包壳与芯块的应变和应力。力学计算的基本假设通常包括：

1）燃料棒是轴对称的圆柱形；

2）轴向平面应变假设；

3）燃料芯块和包壳材料是各向同性的；

4）同一个径向分区上的弹性常量是各向同性的常数。

力学计算流程图如图 6-5 所示。

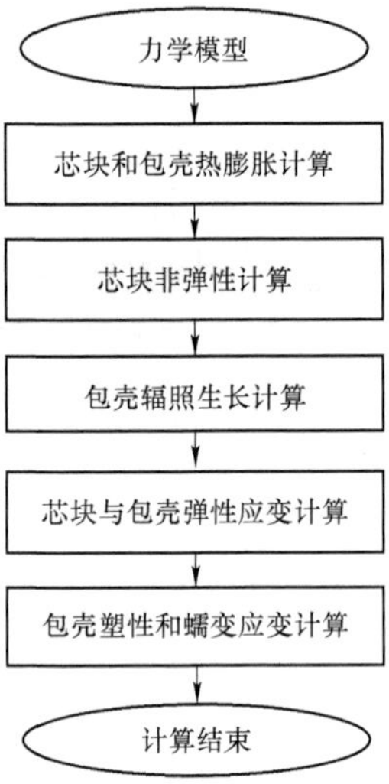

图 6-5 力学计算流程图

1. 应力与应变关系

燃料棒性能分析软件采用几何方程、平衡方程和本构方程，建立应力与应变的关系式。根据平面应变假设和轴对称假设，几何方程可以写成：

$$\begin{cases} \varepsilon_r = \mathrm{d}u / \mathrm{d}r \\ \varepsilon_\theta = u / r \\ \varepsilon_z = C \end{cases} \tag{6.16}$$

ε_r、ε_θ、ε_z：径向、环向和轴向应变

u：径向位移（m）

r：半径（m）

C：常数

基于轴对称模型假设，径向应力、周向应力与轴向应力无关，因此平衡方程可以写成：

$$\frac{\mathrm{d}\sigma_r}{\mathrm{d}r}=\frac{\sigma_r-\sigma_\theta}{r} \tag{6.17}$$

σ_r、σ_θ、σ_z：径向、环向和轴向应力（Pa）

单轴应力–应变的问题下，应力–弹性应变关系式可以采用胡克定律：

$$\begin{cases}\sigma_r=\dfrac{E}{(1+\nu)(1-2\nu)}[(1-\nu)\varepsilon_r^{el}+\nu(\varepsilon_\theta^{el}+\varepsilon_z^{el})]\\ \sigma_\theta=\dfrac{E}{(1+\nu)(1-2\nu)}[(1-\nu)\varepsilon_\theta^{el}+\nu(\varepsilon_r^{el}+\varepsilon_z^{el})]\\ \sigma_z=\dfrac{E}{(1+\nu)(1-2\nu)}[(1-\nu)\varepsilon_z^{el}+\nu(\varepsilon_\theta^{el}+\varepsilon_r^{el})]\end{cases} \tag{6.18}$$

E：杨氏模量（MPa）

ν：泊松比

ε_r^{el}、ε_θ^{el}、ε_z^{el}：径向、环向和轴向弹性应变

在多轴应力状态下，一般采用 Von-Mises 强度理论来判断材料是否进入屈服状态。当有效应力大于屈服极限时，认为材料开始发生屈服：

$$\sqrt{\frac{1}{2}[(\sigma_1-\sigma_2)^2+(\sigma_2-\sigma_3)^2+(\sigma_1-\sigma_3)^2]}=\sigma_y \tag{6.19}$$

σ_1、σ_2、σ_3：主应力（MPa）

σ_y：屈服强度（MPa）

2. 包壳非弹性应变

包壳非弹性应变包括塑性应变、辐照生长和蠕变。

塑性模型通过辐照前后试件的内压爆破试验数据建立，主要与外部应力、温度和中子注量等参数相关。达到屈服极限后，材料进入塑性区域，可以采用 Prandtl-Reuss 流动理论等关系式来分析塑性应变量。包壳塑性应变为包壳外径变化与包壳平均直径的比值，为了使其适用于包壳径向上每个位置，必须对其进行修正。修正关系基于塑性应变的体积守恒定律，通过包壳外径和平均直径进行计算。

包壳的辐照生长与体积增量有关。包壳体积增量主要源于快中子引起的空位和间隙。对于锆合金，在制造过程中最大应变方向上的生长是正的，而在其他方向上的生长则是负的。燃料棒在反应堆内辐照生长是自由生长现象和堆内应力条件引起的轴向应变的总和。辐照生长模型的建立通常基于以下假设：

1）对芯块包壳接触前的生长进行建模时，应使用仅辐照一到两个循环的燃料棒，以排除燃料包壳相互作用的影响；

2）力学分析基于轴对称模型和广义平面假设；

3）忽略组件结构与压紧弹簧承载力的相互作用。

基于这些假设，可以建立芯块包壳接触之前的燃料棒生长模型。而当间隙闭合时，燃料与包壳的相互作用会改变轴向应力并产生轴向分量。

蠕变是一种随时间变化的应变，所有与时间有关的、等体积的永久变形都可归为蠕变。蠕变由应力驱动，并且受温度等因素的影响较大：

$$\varepsilon^{cr} = f(\sigma, T, t, \phi) \tag{6.20}$$

ε^{cr}：蠕变应变

σ：应力（MPa）

T：温度（K）

t：时间（s）

ϕ：中子注量率（$n/m^2 \cdot s$）

包壳蠕变可以通过不同的方式进行描述。例如，部分软件将包壳蠕变分为低应力蠕变模型和高应力蠕变模型。当应力低于 150 MPa 时，采用低应力蠕变模型；当应力高于 250 MPa，采用高应力蠕变模型；当应力在 150 MPa 与 250 MPa 之间，在低应力蠕变模型与高应力蠕变模型线形插值计算。

有的软件还将低应力蠕变分成辐照蠕变和热蠕变：

1）辐照蠕变是辐照材料在应力作用下产生的蠕变，是一种随时间变化的塑性应变现象，可以认为是通过热、辐射或两者同时作用的产生的流变。对于给定的材料（相同的化学成分、微观结构、制造工艺），应变可以表示为应力、温度、时间和中子注量的函数。有的模型中进一步区分了一次和二次蠕变状态。基于对长期试验的分析结果，考虑到辐照硬化的影响，可以认为随着辐照的增加，二次蠕变速率降低；

2）部分包壳还需要考虑热蠕变的影响，热蠕变的一次项不受辐照影响，二次项则受辐照硬化的影响，可以通过运行过程中燃料棒承受的载荷进行评估。一般来说，热蠕变对总应变贡献很小。

高应力蠕变是时间、应力、温度和中子注量的函数。高应力蠕变模型通常基于对未辐照包壳进行的热蠕变试验建立，应特别关注包壳环向应力、包壳径向应力、温度、时间、中子注量对结果的影响。

与芯块发生强烈机械相互作用时，包壳应变是弹塑性应变、蠕变应变（包括应力松弛）的组合。每类应变（塑性和蠕变）的份额取决于包壳所承受的载荷。应力松弛主要取决于包壳短期蠕变特性，而燃料棒蠕变主要受高应力蠕变的影响。

3. 芯块非弹性应变

燃料芯块堆叠高度上的轴向变形需要考虑每一轴向段的热膨胀，密实及肿胀。由于芯块端面一般有碟形，而通常在辐照后，碟形空间尚不会被填满，因此芯块轴向变形最大的地方一般出现于碟形旁边的一圈，计算时通常采用这一圈的变形量作为芯块的轴向变形量。

在燃料棒性能分析软件中，芯块非弹性径向变形主要包括密实、固体肿胀、气体肿胀和重定位。

芯块在堆内的密实是由辐照导致的，它会引起芯块的孔隙率降低。开始阶段，小尺寸孔隙（<1 μm）会在辐照过程中明显减少或消失，然后中等尺寸的孔隙（1～3 μm）也会逐渐减少。

虽然辐照和烧结的机制不同，但大量实验结果表明，辐照下密实引起的芯块密度变化与在 1 700 ℃条件下芯块 24 小时烧结实验的结果相吻合。该方法得到了 NRC 的推荐，因此密实模型通常基于烧结试验建立。

密实与芯块的处理工艺直接相关，在燃料棒性能分析软件中一般包括两个模型，一个适用于 ADU 和 IDR 工艺，另一个适用于 AUC 工艺。

芯块固体肿胀是由于一个重的易裂变核分裂为两个较轻的裂变碎片核后，材料的固体密度降低引起的，固体肿胀系数和燃耗增量的乘积成正比。

气体肿胀与裂变过程产生的气体原子（主要是氙和氪）有关，这些原子滞留在晶粒内部和晶粒间的孔隙中。该现象物理过程复杂，包括气泡的生成、长大、聚合和相互作用。气体肿胀与裂变气体释放密切相关，可进一步分为稳态气体肿胀和瞬态气体肿胀：

1）稳态气体肿胀率是温度和燃耗的函数。在裂变气体热释放模型中，每个燃耗都有对应的释放阈值温度。当温度低于阈值时，不考虑气体肿胀；当温度高于阈值时，则考虑气体肿胀；

2）瞬态气体肿胀的动力学与瞬态裂变气体释放的动力学具有相似性，因此瞬态气体肿胀可以通过瞬态裂变气体释放来考虑。

在燃料棒性能分析软件中，芯块的重定位模型包括初始向外移动、芯块–包壳间隙闭合的移动和开裂芯块的热膨胀。

1）在寿期初，由于芯块热导率较低，芯块内部产生了较大的热应力，当线功率密度超过 3 kW/m 至 4 kW/m 后，芯块和包壳发生接触。由于芯块和包壳存在相互作用力，燃料芯块就会因热应力而破裂。而芯块–包壳间隙组成的燃料棒自由空间中，允许各种芯块碎片移动，因此碎片在外部间隙和裂缝之间出现体积重新分布。这种初始碎片移位现象有效地增加了芯块半径。这一过程在寿期初的升温中，很快达到平衡；

2）在与包壳接触后，芯块和包壳之间的相互作用所施加的应力，会导致重排列现象。因此，在芯块–包壳接触后，包壳外径会因蠕变持续缓慢减小，并且在一段时间内保持稳定；

3）最后，芯块与包壳的机械作用会增加包壳直径。如果采用刚性芯块假设，会导致略微低估芯块的热膨胀。这种现象在瞬态条件下会变得更加明显。为了修正破裂芯块热膨胀的这种影响，在燃料重新定位应变中添加了一个附加项，即开裂芯块的热膨胀。

4. 芯块与包壳的相互作用

芯块–包壳接触前后，应采用不同的包壳变形模型。在接触之前，可以通过已知的载荷求解变形。在接触之后，对于不同的接触模型，相应的包壳变形模型亦有所不同：若采用刚性芯块模型，可通过已知的变形求解接触应力；若采用直接求解接触应力的模型，其分析方法则与接触前的模型相似。

在芯块–包壳接触前，基于薄壳理论，径向应力可以忽略，在不考虑弯曲的情况下，周向应力与轴向应力是正交的，因此，径向的应变仅需考虑泊松效应的影响，并且在整个厚度方向上的应变是均匀的。在一般的薄壳理论中，并不考虑径向的应变，但由于在燃料棒分析过程中需要计算包壳塑性变形，因而必须予以分析。

但是，当芯块–包壳接触后，在刚性芯块的假设下，包壳的力学响应是由包壳位移所主导的。间隙闭合后的包壳应力应变模型，转化为内表面径向位移和轴向应变已知的圆柱形薄壳问题。包壳内表面接触应力也是方程求解的一部分，因而无法直接求出包壳的应力应变，需要通过迭代计算。

6.3.3 裂变气体释放模型

燃料棒在运行过程中，由于裂变反应和裂变产物的衰变，燃料会不断地生成裂变气体。部分的裂变气体会从芯块内释放到燃料棒自由空间，该过程称为裂变气体释放（FGR）。

裂变气体主要为 Xe 和 Kr，每次裂变反应生成约 0.30 个裂变气体原子，其中 Xe 和 Kr 原子的比例约为 9:1。裂变气体从芯块内释放的机理主要有两种：非热释放与热释放。非热释放只与燃耗相关；热释放可以通过求解扩散方程，得到裂变气体生成量和裂变气体释放率。

关于裂变气体迁移，已经发展了诸多模型，均与实验数据进行过校准。一般认为，裂变气体迁移过程中主要包含如下物理现象：

1）裂变气体原子产生后，在晶体内扩散迁移；

2）气泡形成；

3）气泡长大；

4）气泡中的裂变气体原子重溶解；

5）气泡移动，无外力时为无序运动，有外力时为有向运动；

6）气泡结合；

7）气泡与晶体缺陷的相互作用和捕获；

8）晶界气泡长大、结合，组成通道、网络。

裂变气体释放计算流程图如图 6-6 所示。

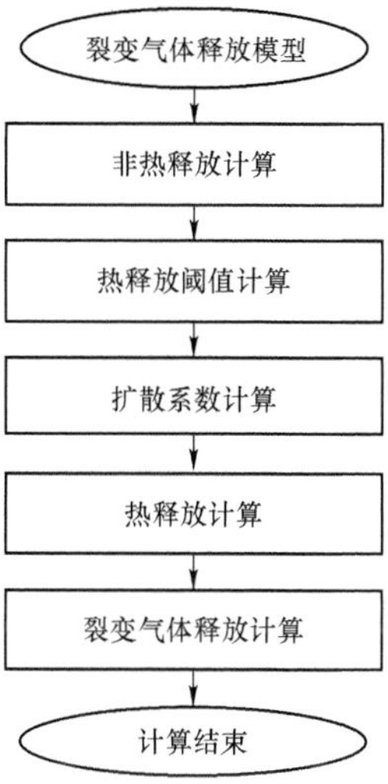

图 6-6 裂变气体释放计算流程图

按照机理，裂变气体释放可以分为非热释放和热释放：

1）非热释放主要基于反冲和击出机制。反冲是指芯块内裂变生成的气体裂变产物有一定的初始速度，可能直接反冲出芯块，释放到燃料棒芯块外的包壳内；击出是指具有一定速度的裂变产物与晶粒内的裂变气体原子撞击，使裂变气体原子获得一定的速度而脱离芯块，释放到燃料棒自由空间。由于非热释放只发生在距离燃料棒自由空间比较近的芯块区域内，因此，非热释放对裂变气体释放总量的贡献较小；

2）热释放在燃料温度升高时被激活。它只在超过试验观察得到的温度阈值时才会产生，该阈值随燃耗而降低。这种现象可以通过晶间气体的存在来解释：晶间气体最常以透镜状晶间气泡的形式呈现，气体原子从晶粒内部以随温度增加的速度迁移到晶界。最初，这些原子在晶界处积聚，没有释放到芯块外。当这些原子在晶界处的表面密度达到释放阈值时，就会发生释放。

按照功率变化速率，裂变气体释放可以分为稳态释放和瞬态释放：

1）在稳态条件下（即功率不随时间急剧变化时），当局部燃耗高于释放阈值燃耗时，裂变气体释放。利用扩散系数表达式，可以推导出高温和低温下释放阈值的表达式；

2）瞬态释放可理解为功率快速上升造成的释放。在瞬态条件下，裂变气体释放包括两个机理：扩散机理（稳态释放）和迸发释放，但由于瞬态时间较短，在瞬态释放中通常不考虑裂变气体生成项。

目前，不同的燃料棒性能分析软件采用不同的关系式描述裂变气体释放。例如，在 FRAPCON 理论模型中提到了以下模型：

1）ANS 5.4 模型：这个模型将裂变气体释放当作是时间、径向温度和燃耗的函数。使用这种模型时，需要按照 ANS 推荐的标准对燃料进行轴向和径向网格划分，时间步长所对应的燃耗步应小于 2 GWd/MtU。ANS 5.4 模型由两个部分组成：稳态均匀释放和瞬态非均匀释放。裂变气体释放量由低温和高温下的稳态模型和辐照裂变产物模型计算得到；

2）修正 Forsberg-Massih 模型：该模型利用扩散方程计算裂变气体在晶体中的行为：

$$\frac{\mathrm{d}C}{\mathrm{d}t}=D(t)\Delta_r C(r,t)+\beta(t) \tag{6.21}$$

式中

$$\Delta_r=\frac{\mathrm{d}^2}{\mathrm{d}r^2}+\frac{2}{r}\left(\frac{\mathrm{d}}{\mathrm{d}r}\right) \tag{6.22}$$

C：裂变气体浓度（$\mathrm{mol/mm^3}$）

β：单位体积气体产生率（$\mathrm{mol/mm^3 \cdot s}$）

D：扩散系数（$\mathrm{mm^{-3} \cdot s^{-1}}$）

r：径向位置（mm）

当晶体气体浓度到达释放阈值后，气体变发生释放。该阈值可以通过下式得到

$$N_s=\left[\frac{4RF(\theta)V_C}{3K_B\sin^2\theta}\right]+\left(\frac{2\gamma}{r}+P_{ext}\right) \tag{6.23}$$

式中

$$F(\theta)=1-1.5\cos(\theta)+0.5\cos^3\theta \tag{6.24}$$

θ：气泡表面角

K_B：波尔兹曼常数

γ：表面张力（$\mathrm{J/m^2}$）

V_C：晶体气泡面积份额（%）

P_{ext}：外部载荷（Pa）

3）FRAPFGR模型：该模型可以用于计算RIA事故等快速瞬态下的裂变气体释放。该模型不仅可以计算裂变气体稳态释放，还可以计算每个位置上晶内和晶间气体的数量，以及瞬态时裂纹沿晶间扩展造成晶间气体的释放量。

6.3.4　内压模型

在堆内运行期间，随着燃耗的增加，燃料棒内压不断发生变化。内压过大将引起芯块–包壳间隙重新打开，使燃料棒的传热恶化，存在导致燃料棒破损的风险。因此，燃料棒内压是燃料棒重要的设计准则之一：包壳的蠕变速率不超过芯块的肿胀速率，以保证芯块–包壳间隙不会重新打开。

1. 气体状态方程

在燃料棒性能分析软件可以采用理想气体状态方程计算燃料棒内压。

$$PV = nRT \tag{6.25}$$

P：燃料棒内压（Pa）

V：气体体积（m^3）

n：气体摩尔数（mol）

R：理想气体常数（J/mol · K）

T：气体温度（K）

当氦气含量高、内压较大时，也可以采用Peng-robinson方程

$$P = \frac{RT}{\upsilon - b} - \frac{\alpha}{\upsilon^2 + 2\upsilon b - b^2} \tag{6.26}$$

式中

$$b = \frac{0.077\ 80 R T_e}{P_c} \tag{6.27}$$

$$\alpha = \frac{0.457\ 24 R^2 T_c^2}{P_c}[1 + f(\omega)(1 - (T / T_c)^{1/2})]^2 \tag{6.28}$$

$$f(\omega) = 0.374\ 64 + 1.542\ 2\omega - 0.269\ 92\omega^2 \tag{6.29}$$

υ：比容（m^3/mol）

P_c：气体临界压力（Pa）

T_c：气体临界温度（K）

ω：物质偏离系数

2. 气体温度

气腔温度基于气腔内气体间、冷却通道与气腔气体间、压紧弹簧和气腔气体间的能量交换进行计算：

1）自然对流可以采用 McAdams 平板层流或湍流传热系数进行计算；

2）冷却剂到气腔的传热应考虑内表面边界层、包壳和外表面边界层热阻的影响；

3）应考虑气腔弹簧的辐照放热；

4）燃料棒内部空间的体积包括：上气腔体积、下气腔体积、芯块–包壳间隙体积、中心孔体积、碟形体积、倒角体积、掉块体积、开口孔隙体积和裂纹体积。

6.3.5 包壳腐蚀吸氢模型

包壳腐蚀吸氢模型的目的是描述以下参数：

1）包壳的氧化层厚度和氢含量，以便与验收准则进行比较；

2）包壳壁厚的减薄对载荷承受能力和吸氢能力的影响；

3）氧化层热阻造成的包壳、内部气体和燃料温度的升高。

包壳腐蚀吸氢模型主要用于计算：

1）特定包壳类型在给定温度下的氧化物形成速率；

2）锆水反应释放的氢被包壳吸收的比例；

3）氧化层的热导率；

4）氧化反应消耗金属与形成的氧化物之间的体积比。

包壳腐蚀吸氢计算流程图如图 6-7 所示。

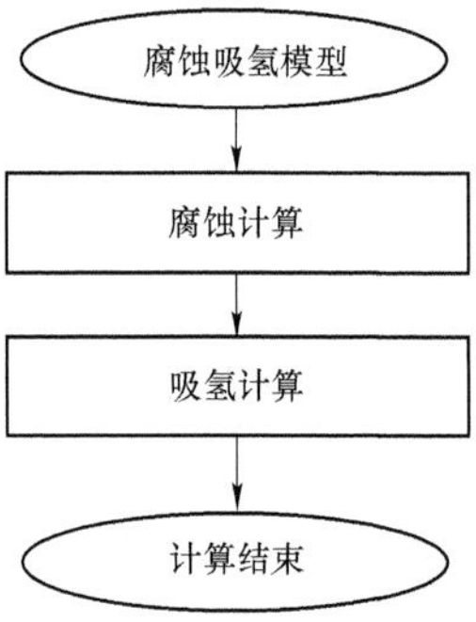

图 6-7　包壳腐蚀吸氢计算流程图

在反应堆运行期间，锆合金包壳会与冷却剂发生氧化反应。锆合金包壳腐蚀包括转折前阶段及转折后阶段两个阶段：

1）转折前阶段：在腐蚀转折前的早期阶段，所形成较薄的腐蚀层均匀致密，光亮黑色的腐蚀层具有保护性，能降低包壳的腐蚀速率，对包壳腐蚀具有抑制作用。由于腐蚀层较薄，因此腐蚀层对温度的影响通常可以忽略；

2）转折后阶段：在该阶段，随着腐蚀层厚度增加，氧化层逐渐变得不致密，导致腐蚀速度增大。

包壳腐蚀模型的建立主要是通过优化活化能、动力学常数，直到燃料棒腐蚀的预测值与测量值基本吻合为止。

锆与水（或蒸汽）的腐蚀反应后，氧化锆主要形成在包壳的外表面上。一部分释放的氢气被包壳吸收。通常采用吸氢份额来计算吸氢量。吸氢份额定义为吸氧量与氧化反应产氢量之比。因此包壳吸氢量与氧化层厚度成正比。

6.3.6　材料模型

芯块与包壳的主要材料模型包括杨氏模量、泊松比、比热、密度、热膨胀以及热导率等参数：

1）杨氏模量：即弹性模量，是用来描述弹性变形阶段应力与应变关系的参数，由于弹性变形阶段一般符合胡克定律，因此弹性模量一般为常数。包壳通常被认为是各向同性的材料，其弹性模量受温度、氧含量、快中子注量、冷加工程度和织构等因素的影响，其中温度和氧含量的影响最为明显；

2）泊松比：泊松比表征材料横向应变与纵向应变的比值；

3）比热：比热用来描述单位质量物质的热容量；

4）密度：本书所说的密度大多数是指理论密度，实际情况中，芯块往往达不到理论密度，因此在计算热导率等参数时，需要考虑密度变化带来的影响；

5）热膨胀：材料的热膨胀不仅受到温度的影响，还与材料加工过程的取向性相关，不同方向上的热膨胀系数可能不同；

6）热导率：芯块热导率受密度的影响较大，在燃料棒性能分析软件中，一般给出芯块 95%理论密度所对应的热导率，然后根据芯块实际制造密度进行校准；

7）其他参数：芯块与包壳性能还与熔点、硬度、发射率等参数相关。

在软件评价过程中，需要关注材料模型是否考虑到以下因素：

1）芯块熔点等参数应考虑燃耗的影响；

2）热膨胀、热导率、比热、杨氏模量等参数应考虑温度的影响；

3）芯块杨氏模量、芯块泊松比等参数应考虑孔隙率的影响。

参考文献

[1] Berna G A，Beyer G A，Davis K L，et al. FRAPCON-3：A computer code for the calculation of steady-state，thermal-mechanical behavior of oxide fuel rods for high burnup[J]. Office of scientific & technical information technical reports，1997.

第七章　软件测试

7.1 概　述

软件测试，或软件验证是软件适用性评价的重要环节。其目的是保证燃料棒性能分析软件程序能够正确、完整地进行分析。

根据《核动力厂安全分析用计算机软件开发与应用》导则的名词解释：

1）软件验证是评价系统或部件，以确定软件开发周期中的一个给定阶段的产品是否满足在各阶段的开始确立的需求的过程；

2）软件确认是在开发过程期间或结束时对系统或部件进行评价，通过检查和提供客观证据，以确定它是否满足特定预期用途的需求的过程；

3）验证与确认是确定系统或部件的需求是否完成和正确，每一开发阶段的产品是否实现在上一阶段规定的需求或条件，以及最后的系统或部件是否依从规定的需求的过程。

由此可知，软件开发中的“测试”与软件适用性评价中的“验证”含义基本相同。本章节后续所说的软件测试，就是指软件适用性评价中的“验证”。

燃料棒性能分析软件的测试过程主要包括单元测试、集成测试和系统测试：

1）单元测试：单元测试包括静态测试和动态测试，是对软件代码和核心模块进行的测试。可采用工具测试和人工走查等方式进行；

2）集成测试：集成测试主要为了测试单元之间的耦合分析能力，力求保证单元之间接口正常工作和模块执行稳定；

3）系统测试：系统测试的目标是验证燃料棒性能分析软件具备符合设计要求的所有功能，可以采用自动和人工相结合的方法进行。

7.2 测试要求

软件测试应针对软件的每个开发阶段，以确保完全、一致且正确地实现了先前开发阶段的所有要求。

软件测试评价应关注是否存在由编码错误导致的结果差异，以评估整个软件的可靠性；应关注测试结果与软件要求之间的对比关系，以评估软件是否能够满足其要求，并且不存在不良功能及行为。

软件测试评价过程中还应关注测试计划和测试范围的完整性、测试范围和测试规范的适宜性等内容。

1. 测试计划和测试范围的完整性

测试计划应明确每个测试步骤的评价准则、策略以及所需的工具，并明确定义预期的测试范围。测试计划应详细涵盖所有不同的软件开发阶段以及系统集成和软件体系结构（模块，程序和子例程）的不同级别。

2. 测试范围

在设计测试用例时，应考虑所有系统操作模式；系统或模块级别的每项不同测试均应监视系统或模块的所有输出；应测试所有接口（模块之间和程序之间）以及所有通信协议；容错和异常机制（例如，被零除、超出范围的值、溢出等）均应进行测试。

3. 测试规范的适宜性

测试规范应确保执行所有代码行，在系统集成时应执行所有模块调用，并且覆盖率分析应证明这些测试的覆盖率是合理的；数据结构和声明的常数值应进行测试，以保证正确性；所有对时间要求严格的代码段均应在实际条件下进行测试，并证明这些测试的适用范围。

7.3 测试文档格式及内容

7.3.1 测试设计说明

测试设计过程中，应详细说明本次测试的测试方法及标识要测试的特征。测试设计说明应包含测试设计说明标识符、要测试的特征、测试方法、测试用例标识和测试通过准则：

1）测试设计说明标识：为测试设计说明规定唯一的标识符，这个标识符要在后续测试设计说明进行改动时也进行修改；

2）要测试的特征：标识测试项，并说明该测试项在被测软件中的特征及测试的必要性；

3）测试方法：详细说明进行测试的方法，包括要采用的测试技术及所用到的测试软件和测试环境，同时说明分析测试结果的方法（例如，比较程序或可视化审查）。为测试用例的设计提供依据，并说明测试用例所测试的模块或者功能。例如，测试相关计算模块时，提供此计算模块的有效输入范围和可以接受的输出范围。归纳测试用例的共同属性，可以包括共同的输入约束条件（例如，一组相关测试用例都要输入硼浓度）、任何共享的测试环境要求、任何类型相同的输出结果、任何有特殊规程的测试需求、任何可以共享测试用例之间的依赖关系；

4）测试用例标识：列出测试设计中每个测试用例的标识符并简要描述，列出测试设计中每个规程的标识及简要描述；

5）测试通过准则：明确测试通过或者失败的判定标准。

必要的附加项可以添加在此结构后。如果上述某一项的部分内容或者全部内容被包含在另一个文档中，需列出引用文档出处以代替相应内容，同时引用文档的相应内容应附在测试设计说明后作为附件，同时向进行软件评价的人员说明。

7.3.2　测试用例说明

测试用例说明中应含测试用例说明标识符、测试项、输入说明、输出说明、环境要求、特殊规程要求和测试用例的前置条件：

1）测试用例说明标识符：为测试用例说明规定一个唯一的标识符；

2）测试项：描述测试用例所测试的软件特征或者软件项。对于每一个测试项，都应在需求规格说明书或者设计规格说明书中找到相应内容并作引用；

3）输入说明：对每个测试用例所需要的输入数据进行规定，数值类型的输入值应标注可接受的数值范围，非数值类型的输入值可以用名称来规定。规定所有的数据库、文件、RAM 等的各个值。说明输入之间的任何依赖关系；

4）输出说明：规定测试用例所有产生的输出及特征，每个输出及特征都需提供准确的值。同时将输出与试验数据或者电厂数据进行对比，判断是否在可接受的范围内，并明确判断依据；

5）环境要求：规定执行测试用例时所需的硬件配置、软件配置和网络拓扑图，如有其他要求（例如，需要经过特殊培训的人员）也要进行规定。其中，硬件配置包括进行测试的电脑配置、服务器硬件配置等；软件配置包括操作系统、编译程序、模拟仿真程序、测试工具等；

6）特殊规程要求：描述执行测试用例所需的任何约束条件，如硬件软件的最低要求、系统设置、测试者的操作干预、网络情况等；

7）测试用例的前置条件：列出每个测试用例执行之前必须执行的操作或者测试用例，并概要说明这些前置测试用例或者操作与被执行测试用例之间的依赖关系产生的原因。

必要的附加项可以加在此结构后。如果上述某一项的部分内容或者全部内容被包含在另一个文档中，需列出引用文档出处以代替相应内容，同时引用文档的相应内容应附在测试用例说明后作为附件，同时向进行软件评价的人员说明。

7.3.3 测试总结报告

测试总结报告的目的是总结测试结果并根据测试结果进行评价。测试总结报告应含有测试总结报告标识符、引言、测试概要、测试环境、测试结果和测试结论。

1. 测试总结报告标识符

测试总结报告标识符为测试总结报告规定一个唯一的标识符。

2. 引言

引言部分应包括以下内容：

1）测试对象：简要描述测试对象的特征，包括名称、用途、版本号等；

2）测试阶段：列出进行测试的测试项，列出与测试设计中规定测试项的差异，并说明理由。分类详细说明从哪些阶段进行了测试；

3）测试工具：列出进行测试的测试工具。

3. 测试概要

测试概要应包括以下内容：

1）测试执行情况：简要说明每个测试阶段的执行日期，对于每个测试阶段，应考虑引用测试计划文档中相应内容。列出与测试计划中的差异，并说明差异产生的原因；

2）测试用例：详细列出执行了哪些测试用例，每个测试用例反映了哪些软件特征或者测试项。

4. 测试环境

简要描述测试所需的测试环境，可以引用测试用例说明中相应内容。

5. 测试结果

测试结果应包括以下内容：

1）缺陷状态：记录某个缺陷，包括：缺陷编号和标题、产生缺陷的测试用例及所属测试项、产生的时间、对于缺陷的描述、缺陷严重程度、重现率、缺陷最终状态等。如果缺陷最终未被解决，详细说明对软件产生的影响。软件评价人员应判断未被解决的缺陷是否可以被接受；

2）缺陷趋势图：以图表的形式列出软件迭代中出现缺陷数量的趋势图。软件评价人员应关注软件最终版本号与缺陷趋势图中是否一致、缺陷数量的趋势走向等问题；

3）回归测试用例及结果：详细列出回归测试用例及进行回归的缺陷编号，以及记录回归测试的执行是否成功。

6. 测试结论

测试结论应包括以下内容：

1）测试充分性论述：如果有测试计划，应根据测试计划中规定的测试充分性准则对测试过程做出自评价。若未做测试充分性证明，应说明理由；

2）测试总结：汇总测试的结果。标识已解决的所有事件，并总结解决方案。指出尚未解决的所有事件。总结主要的测试过程及事件。总结测试资源数据：如，人员总体配置、总体耗时、测试用例数量等必要数据。对每个测试项总体进行自评价，详细总结测试结果是否通过。

第八章　分离效应确认

8.1　概　述

软件确认是软件适用性评价的核心。其目的是保证燃料棒性能分析软件程序能够正确地分析物理现象。软件确认分为分离效应确认和整体效应确认：分离效应确认主要用来评价理论模型的适用性和理论模型确认的完整性；整体效应确认主要用来评价各项功能确认的完整性、适用性，以及分析结果的正确性。本章将对燃料棒性能分析软件的分离效应确认进行讨论，整体效应确认的讨论在下一章进行。

分离效应确认应保证理论模型的完整性和确认的完整性。燃料棒温度计算、燃料棒力学计算、裂变气体释放及内压计算、包壳腐蚀及吸氢计算等功能所需要的基本理论模型，如表 8-1 所示。

表 8-1　软件功能与理论模型对应关系

软件功能	实现功能所需要的关键理论模型
燃料棒温度计算	冷却剂－燃料外表面传热模型
	芯块－包壳传热模型
	间隙闭合传热模型
	芯块热导率模型
	径向功率分布模型
燃料棒力学计算	几何方程
	本构方程
	应力平衡方程
	轴向力平衡方程
	芯块重定位模型
	芯块密实模型
	芯块固体肿胀模型
	芯块气体肿胀模型
	包壳塑性形变模型

续表

软件功能	实现功能所需要的关键理论模型
燃料棒力学计算	包壳低应力蠕变模型
	包壳高应力蠕变模型
	包壳松弛模型
	燃料棒辐照生长模型
裂变气体释放及燃料棒内压计算	裂变气体释放模型
	内压模型
包壳腐蚀及吸氢计算	包壳腐蚀模型
	包壳吸氢模型

分离效应确认矩阵应涵盖大部分关键理论模型，但不包括一些基本物理关系式，例如建立应力与应变的关系式所需的几何方程、平衡方程、本构方程、轴向力平衡方程，以及内压模型（即气体状态方程）。

分离效应的确认方式主要包括：

1）直接确认：关键理论模型是确认数据计算的决定性因素，关键理论模型的正确性直接决定了确认数据计算的正确性，因此确认数据可以用来对理论模型进行直接确认；

2）间接确认：关键理论模型是确认数据计算的主要因素之一，关键理论模型的正确性在一定程度上会影响确认数据计算的正确性，因此确认数据可以用来对理论模型进行间接确认。这部分试验数据有很多与整体效应试验重合。

为了提高关键模型的确认可靠性，部分模型采用了多种方式和多项数据进行确认。同一类型数据，如芯块中心温度、包壳外径，由于不同阶段或不同工况对应的现象不同，在确认过程中也进行了区分：

1）寿期初和稳态运行：寿期初指包壳和芯块发生接触前的阶段，稳态运行指包壳和芯块发生接触后的阶段。芯块中心温度等参数确认时，寿期初和稳态运行阶段应分别确认；

2）稳态和瞬态：用来区分稳态工况和Ⅱ类瞬态工况。包壳外径和裂变气体释放等参数确认时，应区分稳态和瞬态工况。

8.2 模型确认要求

8.2.1 热学模型

燃料棒热学模型包含冷却剂–燃料外表面传热模型、芯块–包壳传热模型、芯块热导率模型、径向功率分布模型。其中芯块–包壳传热模型又包括气体导热模型、接触导热模型和辐射换热模型。

各个模型可以通过表 8-2 中的分离效应试验进行标定和确认。

表 8-2 热学模型确认

关键理论模型		确认数据
冷却剂–燃料外表面传热模型		芯块中心温度
芯块–包壳传热模型	气体导热	气体导热
	接触导热	间隙导热
	辐射换热	—
芯块热导率模型		芯块中心温度
径向功率分布模型		钕径向分布

冷却剂–燃料外表面传热模型和芯块热导率模型一般直接通过芯块中心温度进行确认，而其他模型则需要通过分离效应试验进行标定和确认：

1）气体导热模型可以通过气体导热数据进行确认：气体导热可以采用 MPD 方法进行测量，应特别关注确认数据中芯块材料、包壳材料、粗糙度、气体温度、气体压力、气体成分和初始间隙尺寸等参数的影响；

2）接触导热模型可以通过间隙导热数据进行确认：间隙导热可以采用 MLD 方法进行测量，应特别关注确认数据中粗糙度、气体温度和接触压力等参数的影响；

3）辐射换热模型是经典模型，因此在保证包壳和芯块表面发射率数据可靠的情况下，一般可以不单独开展分离效应试验；

4）径向燃耗分布可以通过钕径向分布进行确认：钕分布可以由电子探针显微分析（EPMA）获得，应特别关注确认数据中循环次数、富集度、轴向位置和局部燃耗等参数的影响；

5）与热学相关的物性模型可以在整体效应试验中，通过芯块中心温度的试验值与预测值的对比进行。

8.2.2 力学模型

燃料棒芯块力学模型包含芯块重定位模型、芯块密实模型、固体肿胀模型和芯块气体肿胀模型。其中芯块重定位模型包括初始外移模型、重排列模型和碎裂芯块热膨胀模型，芯块气体肿胀模型又可以分为稳态气体肿胀模型和瞬态气体肿胀模型。

各个模型可以通过表 8-3 中的分离效应试验进行标定和确认。

表 8-3　芯块力学模型确认

关键理论模型		确认数据
芯块重定位模型	初始外移	间隙尺寸
	重排列	芯块包壳轻微接触阶段包壳外径
	碎裂芯块热膨胀	RAMP 试验前后包壳外径变化
芯块密实与固体肿胀模型		1 700 ℃再烧结
		芯块密度
		芯块包壳剧烈接触阶段包壳外径
		燃料轴向变形
芯块气体肿胀模型	稳态	径向孔隙率
	瞬态	RAMP 试验前后芯块中部的包壳外径变化

1）初始外移模型可以通过芯块冷态间隙测量数据进行确认：应特别关注确认数据中的循环数、燃耗等参数的影响，以及各个轴向高度处的冷态最小值、冷态最大值和冷态平均值；

2）重排列模型可以通过芯块包壳轻微接触阶段包壳外径数据进行确认：此时燃料棒辐照 1 到 3 个循环，包壳直径不断减小，但由于与芯块的相互作用而有所减速；

3）碎裂芯块热膨胀模型可以通过RAMP试验前后的包壳外径测量数据进行确认：瞬态的保持时间应尽可能短，以便最大限度地减少气体肿胀效应；

4）芯块密实与固体肿胀模型可以通过多种方式进行确认：IDR 芯块具有非常稳定的密实现象。NRC 发布的指南基于各种测试结果认为即使涉及的机制不同，在辐照下观察到的密度变化与 1 700 ℃下 24 小时堆外烧结试验相似；芯块密实与固体肿胀模型也可以通过密度的测量数据进行确认；此外，由于芯块－包壳强接触阶段的包壳直径和燃料棒长度比较容易测量，因此也可以用来对本模型进行间接确认；

5）芯块稳态气体肿胀模型可以通过气体孔隙率数据进行确认：芯块的平均气体孔隙率是平均孔隙率与致密化燃料孔隙率之间的差值。应特别关注确认数据中最大线功率密度、寿期末燃耗、最大线功率密度对应的燃耗、燃料棒裂变气体释放等参数的影响，以及最大孔隙率、密实后的平均孔隙率、气体平均孔隙率的测量值和预测值的对比结果。

典型的 ADU 芯块可以从芯块外部到中心定义四个区域：

区域Ⅰ：边缘具有的非常大的孔隙率；

区域Ⅱ：晶间孔隙率最小而密度最大；

区域Ⅲ：晶间孔隙率大；

区域Ⅳ：晶间孔隙率大，并且通常中心处最大。

而 IDR 芯块则通常没有明显的区域 IV。

6）芯块瞬态气体肿胀模型可以通过 RAMP 试验前后的包壳外径变化进行确认：RAMP 试验前后的包壳外径是在芯块中间位置测量的，因为芯块末端在 RAMP 试验过程中会受到碟形填充现象的影响；

7）与芯块力学相关的物性模型可以在整体效应试验中，通过稳态和 RAMP 试验包壳外径的试验值与预测值的对比进行。

包壳力学模型主要包括包壳塑性应变模型、包壳低应力蠕变模型、包壳高应力蠕变模型和模型松弛模型。各个模型可以通过表 8-4 中的分离效应试验进行标定和确认。

表 8-4　包壳力学模型确认

关键理论模型	确认数据
包壳塑性形变模型	应变硬化和内压爆破
包壳低应力蠕变	辐照管蠕变
	芯块包壳接触前的包壳外径
包壳高应力蠕变和松弛模型	蠕变试验
	松弛试验
	辐照管试验
包壳辐照生长	燃料棒辐照试验

1）包壳塑性形变模型可以通过应变硬化和内压爆破试验进行确认：内压爆破试验在未辐照或辐照后的包壳管试件上进行，试验的仪器能够测量试验管内部压力。应力可以通过内压、外压、平均直径、包壳厚度计算得到；而应变可以通过包壳外径变化和包壳平均直径计算得到。应特别关注确认数据中的中子注量、温度和加载速度的影响。为了避免包壳蠕变对确认结果的影响，确认试验的应变加载速率应高于 $10^{-4}\ s^{-1}$。包壳随温度和中子注量的变化规律可以通过测量屈服强度进行分析；

2）包壳低应力蠕变主要通过辐照管试验进行确认：试验应使用预充氦气或氩气的密封试件在一定介质中进行，以避免出现腐蚀现象。试验应在不同温度和不同的环向应力条件下开展，以便研究蠕变与时间、载荷的相关性。试验中应重点关注辐照时间、中子注量、温度和环向应力等参数的影响。为了避免出现腐蚀现象，试验可以使用预加压（填充氦气或氩气）密封试件进行测试。

有些燃料棒还需要考虑热蠕变的影响：可以对未辐照试件管进行了测试，试验应在不同温度和不同的环向应力条件下开展，以便研究蠕变与时间、载荷的相关性。热蠕变一次项不受辐照影响，而二次项需要考虑辐照蠕变的影响。通过对比辐照管和未辐照管的标准热蠕变测试结果，可以对二次热蠕变项的硬化参数进行确认。通常而言，高注量下的二次热蠕变速率与材料无关。

包壳低应力蠕变还可以通过测量反应堆辐照过的燃料棒包壳外径进行确认，为了避免芯块包壳接触，保证包壳能够自由蠕变，燃料棒辐照应控制在一到两个循环内。包壳外径可以在池边检查和热室检查时进行测量。使用不同芯块时，包壳尺寸的变化基本一致。对于锆合金包壳而言，测量的不确定度大约为25%；

3）包壳松弛测试模型的确认可以通过对未辐照和辐照后的包壳进行松弛试验实现。包壳永久应变是通过比较RAMP测试前后的燃料棒外径得到的，外径变化可以表征高功率下的蠕变/松弛现象。

高应力包壳蠕变模型的确认，也可以通过比较RAMP试验前后包壳应变的测量值和预测值来实现。RAMP试验中应特别关注升功率速率以及功率保持时间的影响。需要特别强调的是，RAMP试验是包含多种模型的整体效应确认，例如：气体肿胀、蠕变、裂纹愈合等；

4）辐照生长模型可以通过辐照一个循环后燃料棒的伸长量数据进行确认。为了避免燃料包壳相互作用，应对中子注量率进行控制。

8.2.3　裂变气体和内压模型

本节讨论裂变气体释放和内压模型的标定和确认，其中裂变气体释放模型又可以分为裂变气体稳态释放模型和裂变气体瞬态释放模型。

各个模型可以通过表8-5中的分离效应试验进行标定和确认。

表8-5　裂变气体和内压模型确认

关键理论模型	确认数据
裂变气体释放模型	裂变气体稳态释放
	裂变气体瞬态释放
内压模型	内压
	燃料棒空腔体积

1）裂变气体稳态释放模型可以通过稳态裂变气体释放数据进行确认：燃料棒在压水堆或试验堆中辐照结束时被刺穿后，可以测量气体释放分数。应特别关注确认数据中的燃耗、晶粒尺寸和裂变气体释放量等参数的影响；

2）裂变气体瞬态释放模型可以通过瞬态裂变气体释放数据进行确认：应特别关注确认数据中的最大功率、燃耗、瞬态持续时间、最大功率处的峰值因子、晶粒尺寸、裂变气体释放量等数据的影响；

3）内压模型可以通过内压数据进行确认：应特别关注确认数据中的芯块类型、包壳类型、中子注量率、燃耗等数据的影响；由于内压数据相对较少，因此还需要通过空腔体积数据进行间接确认。

8.2.4 腐蚀吸氢模型

包壳腐蚀模型和吸氢模型可以通过表 8-6 中的分离效应试验进行标定和确认。

表 8-6 腐蚀吸氢模型确认

关键理论模型	确认数据
腐蚀模型	包壳腐蚀
吸氢模型	氧化锆厚度、含氢量

1）腐蚀模型可以通过包壳腐蚀层厚度进行确认，应特别关注循环次数、燃料棒的平均燃耗等参数的影响；

2）吸氢模型可以通过氧化锆厚度进行确认，可以采用金相法等方法测量氧化锆厚度。应特别关注循环次数、燃料棒的平均燃耗、氢含量等参数的影响。为了保证结果的适用性，用于测定氢含量的样品和用于测量腐蚀层厚度的样品应尽量相邻；由于包壳吸氢量与氧化层厚度成正比，因此吸氢模型还可以通过腐蚀层厚度测量数据进行间接确认。

8.2.5 材料模型

包壳和芯块材料物性模型是各项功能计算的基础，由于在上述各项功能的计算中都包含了包壳和芯块材料物性，其确认结果的正确性可以说明材料物性及模型的正确性，因此对于成熟芯块和包壳材料，无须单独开展包壳和芯块材料物性计算功能的确认。对于新开发包壳材料物性模型的确认，可参考“新型包壳确认要求”一节。

8.3 新型包壳确认要求

新型包壳确认的评价包括对模型正确性、充分性和适用性的评价：模型的正确性是指物性模型能够正确的反应物理现象；模型的充分性是指物性模型能够满足所有功能需求的计算要求；模型的适用性是指物性模型能够适用于应用对象的分析。其中模型的正确性是新型包壳确认评价的重点。

由于缺乏工程应用经验，因此新型包壳确认评价过程中应关注包含确认试验、数据处理、模型建立和模型确认在内的整个模型开发过程。在对试验报告、建模报告、验证和确认报告进行分析的基础上，从试验的规范性、数据处理的合理性、建模的正确性和确认的完整性等方面进行评价。

本章从堆外试验、池边检查和热室检查项目等三个方面，对新型包壳的开发和确认项目进行讨论。

8.3.1　堆外试验

在新型包壳缺少结论性的运行经验时，需要通过堆外试验来获取包壳材料的部分性能。表 8-7 列出了锆合金包壳材料堆外试验项目。需要说明的是，表 8-7 中列出的 LOCA 条件下的高温氧化试验和高温力学试验通常用于燃料棒事故分析软件，不在Ⅰ、Ⅱ类工况的范围内。

表 8-7　锆合金包壳材料堆外试验项目

试验/检查类型	试验/检查项目	试验/检查内容和目的
物理性能试验	热导率	获取锆合金堆外物理性能数据，可用于包壳物理模型的确认。
	比热和焓	
	熔化温度	
	热膨胀系数	
	密度	
	发射率	
力学性能试验	蠕变性能	获取锆合金在不同类型载荷作用下的堆外力学性能数据，可用于包壳力学模型的确认。
	拉伸性能	
	疲劳性能	
	弹性模量	
	泊松比	
	硬度	
腐蚀吸氢试验	腐蚀增重	获取锆合金堆外腐蚀吸氢性能数据，可用于包壳腐蚀和吸氢模型的确认。
	吸氢量	
	碘致应力腐蚀性能	获取锆合金碘致应力腐蚀性能数据，可用于相关现象的研究。
堆外检查	显微组织检查	获取锆合金微观组织形貌。
	织构检查	获取锆合金材料晶粒取向。
	氢化物取向检查	获得锆合金氢化物取向因子。

续表

试验/检查类型	试验/检查项目	试验/检查内容和目的
限值试验	温度限值	获取包壳腐蚀对温度的敏感性数据，可用于温度限值的研究
	蠕变坍塌限值	用于包壳蠕变坍塌性能数据，可用于蠕变坍塌限值的研究
焊接性能试验	焊缝腐蚀	获取焊接性能数据，可用于相关现象的研究
	焊接样品拉伸性能	
LOCA 条件下性能试验	高温氧化试验	获取锆合金高温氧化性能数据，可用于高温氧化模型的建立和确认
	高温力学试验	获取锆合金高温力学性能数据，可用于高温力学模型的建立和确认

8.3.2 池边检查

新型包壳应以燃料破损率及检验所需样本数量为参考，在保持足够安全裕量的前提下，实施有限数量的先导燃料棒辐照考验。

在先导燃料棒首循环辐照考验前，应首先保证新开发锆合金材料堆外试验数据的完整性和充分性，并完成先导燃料棒辐照考验安全分析，采用适当的方法明确其在辐照考验期间包壳腐蚀、蠕变等关键性能预期。先导燃料棒辐照考验后池边检查项目至少应包括先导燃料棒外观形貌、长度变化量、外径变化量和包壳氧化膜厚度等，池边检查的完整性和充分性评价可参照表 8-8 开展。

表 8-8　先导辐照考验后池边检查项目

检查/测量类型	检查/测量项目	检查/测量内容和目的
池边项目	外观形貌检查	可以用于判断燃料棒损伤情况
	啜吸和超声检查	可以用于判断燃料棒完整性
尺寸测量	燃料棒外径	可以用于包壳蠕变等模型的确认
	燃料棒长度	可以用于包壳辐照生长等模型的确认
	燃料棒间距	可以用于燃料棒弯曲等现象的研究
	氧化膜厚度	获取锆合金腐蚀性能数据，可用于包壳腐蚀模型的确认

8.3.3 热室检查

热室检查主要用于获取无法在池边检查中获得，但安全分析模型确认和燃料棒性能确认所必需的数据，主要包括燃料棒包壳吸氢量、拉伸性能、燃料棒氢化等数据。

另一方面，对于燃料棒外径、燃料棒长度、氧化膜厚度等参数，也可通过热室检查获得比池边检查精度更高的数据。除此以外，还可以获得对新锆合金材料进行深入研究和理解所需的研究性数据。表 8-9 给出了先导辐照考验后热室检查项目。

表 8-9　先导辐照考验后热室检查项目

试验/检查类型	试验/检查项目	试验/检查内容和目的
非破坏性试验	外观形貌	可以用于判断燃料棒完整性
	包壳缺陷检查	可以用于确认燃料棒完整性
	燃料棒外径	可以用于包壳蠕变等模型的确认
	燃料棒长度	可以用于包壳辐照生长等模型的确认
	氧化膜厚度	获取锆合金腐蚀性能数据，可用于包壳腐蚀模型的确认
	芯块状态 X 射线检查	可以用于判断燃料棒状态
	轴向燃耗相对分布 γ 扫描	可以用于确定轴向燃耗分布
破坏性试验	裂变气体测定	获取裂变气体总量和组分，可以用于裂变气体释放模型的确认
	气体分析	
	内压测量	可以用于内压模型的确认
	燃料棒包壳氢化和氧化	获取锆合金腐蚀性能数据，可用于包壳腐蚀模型的确认
	强度和延性	获取锆合金辐照后力学性能数据，可用于包壳力学模型的确认
	疲劳试验	
	蠕变试验	
	应力松弛试验	

需要说明的是，当局部功率增加时，PCI 现象可能导致包壳失效。国际上针对不同牌号、不同热处理方法的锆合金开展了大量的 RAMP 试验，主要目的是研究 PCI 现象及其对应的功率瞬态失效限值。这些试验结果随燃耗和功率变化的规律性较强，试验结果没有显著差异。在此情况下，国际上针对二氧化铀或含毒物二氧化铀芯块、锆合金包壳体系下的改进型锆合金包壳的安全审评实践，重点在于确认锆合金包壳在辐照前后均具有足够的延性。因此，在现有燃料体系下的新型锆合金包壳可不开展 RAMP 试验，但需要检查包壳强度和延性性能，以满足锆合金包壳延性的试验验证要求。对于其他类型的包壳，如有必要，应通过 RAMP 试验确定 PCI 引起的包壳失效准则限值。

参考文献

[1] 压水堆核动力厂核燃料组件审评指南 [Z]. 国核安发（2022）43 号，2022.

第九章 整体效应确认

9.1 概 述

软件评价确认矩阵的目的是确认申请者声明软件具备的各项功能在应用对象应用范围内的确认是否合理。为了实现这一目的，软件评价人员重点关注每一功能实现所需理论模型的完整性，确认的完整性和充分性：

1）理论模型的完整性即具备功能实现所需的所有理论模型；

2）确认的完整性即功能实现所需所有理论模型全部被确认；

3）确认的充分性即功能实现所需所有理论模型的确认范围，能够完全覆盖软件应用范围。

燃料棒性能分析软件的确认通常包括燃料棒温度计算功能、燃料棒力学计算功能、裂变气体释放计算功能、内压计算功能、包壳腐蚀吸氢计算功能的确认过程。其中燃料棒力学计算功能的确认包括包壳应变计算的确认、包壳应力计算的确认和燃料棒生长计算的确认。

每项功能的评价过程中，首先评估申请者所用确认数据的适用性，明确是否适用于应用对象，能否覆盖应用对象的应用范围；然后对该项功能实现所需理论模型进行梳理，并分析确认数据与理论模型的确认关系，评价该功能中理论模型的确认是否完整，各理论模型的确认是否覆盖了软件应用范围，该模型的确认是否充分。最后评价软件该功能的确认是否合理。

9.2 确认试验

9.2.1 试验数据要求

评价过程中应关注确认数据对于应用对象的符合性和适用性，包括：

1）审查确认数据关键参数范围是否能够覆盖应用对象的参数范围；

2）确认数据中所涉及的物理量、现象是否与确认对象一致；

3）确认数据的分析结果、试验误差分析结果是否可以接受。

对于试验数据，还应关注：

1）试验目标和研究内容是否明确，试验方案是否合理可行；

2）试验方是否建立完善的质量保证体系，并保证试验实施过程满足质量保证的要求；

3）确认所用试验与软件应用对象是否与核电厂之间应存在物理现象上的相似关系，试验的比例分析是否能够保证试验设施与原型电厂相对应；

4）试验中的确认用数据是否包括测量方式信息、误差信息、试验条件、试验结果以及所有建模分析所必需的参数；

5）试验数据经监管机构或第三方机构的评价情况。

对于核电厂运行数据，应重点关注：

1）使用的核电厂运行数据对于相关模型或功能确认的适用性；

2）使用核电厂反应堆试验数据时应确保数据的完整性，完整的电厂试验数据应包括试验工况、试验结果、试验误差以及进行试验前经历的历史数据等；

3）核电厂运行数据确认结果的不确定度分析方法是否合理，以及根据此方法得到的程序不确定度结果是否符合工程应用的要求。

对于来自文献的确认数据，应结合文献的出处、发表时间、数据信息的完整程度、其他同类软件应用情况等因素综合判断数据的有效性和可用性。

燃料棒性能分析软件的确认数据包括试验数据和电厂运行数据，确认数据范围应涵盖所有关键参数、并满足不确定性分析的要求。需要重点关注确认数据的来源、数据参数范围、数据是否完整以及数据是否能够反映所确认的结果。

验证试验的重要品质还包括：

1）数据的冗余：重复试验以建立试验变差；

2）支持测量：试验台架信息应该足够让人员使用程序进行建模，对于试验台架建模时所做的假设应该足够清晰明确。试验结果应该能被分解到足以用软件建模的程度；

3）不确定性量化：误差通常被分类为随机误差（精度）或系统误差（偏差）。为了保障试验数据的不确定性能够被量化且尽可能的低，需要保证试验测量装置足够精确，且试验测量的误差应该在与程序计算结果对比中进行考虑。

9.2.2　试验描述要求

整体确认试验分为稳态性能试验和瞬态性能试验，不同类型试验评价所需要的信息有所不同。本节中给出了稳态试验和瞬态试验所需要的基本信息示例，如表 9-1 和表 9-2 所示。

在软件评价过程中，评价人员需要关注整体效应确认试验的描述中是否包含了基本信息，并依据基本信息梳理确认试验的关键参数范围，为确认充分性的评价提供依据。

表 9-1　稳态试验

项目名称	燃料棒名称	芯块类型	包壳类型	燃耗	线功率密度	初始密度	富集度	确认项
项目 1	燃料棒 1	如 UO_2	如锆-4	如 62 000 GWd/tU	如 60 kW/m	如 95.5% T.D.	如 4.45%	例如：芯块中心温度、裂变气体释放、内压、自由体积、包壳外径、腐蚀、吸氢、辐照生长等
	燃料棒 2	同上	同上	同上	同上	同上	同上	
	燃料棒 3	同上	同上	同上	同上	同上	同上	

表 9-2　瞬态试验

项目名称	燃料棒名称	芯块类型	包壳类型	燃耗	线功率密度	峰值功率	持续时间	富集度	确认项
项目 1	燃料棒 1	如 UO_2	如锆-4	如 62 000 GWd/tU	如 60 kW/m	如 50 kW/m	如 72 h	如 4.45%	例如：芯块中心温度、裂变气体释放、内压、自由体积、包壳外径、腐蚀、吸氢、辐照生长等
	燃料棒 2	同上	同上	同上	同上	同上	同上	同上	
	燃料棒 3	同上	同上	同上	同上	同上	同上	同上	

9.3　确认数据完整性

9.3.1　确认矩阵

燃料棒性能分析软件的确认矩阵明确了功能与确认项的对应关系。通过对比确认矩阵中的确认项和软件确认试验，可以梳理软件确认过程中的缺项，为确认完整性的评价提供依据。表 9-3 为确认矩阵示例。

表 9-3　确认矩阵示例

功能	确认项	
燃料棒温度计算	芯块中心温度	UO_2 芯块（寿期初）
		UO_2 芯块（稳态运行）
		UO_2-Gd_2O_3 芯块（寿期初）

续表

功能	确认项	
燃料棒温度计算	芯块中心温度	UO_2-Gd_2O_3 芯块（稳态运行）
		MOX 芯块（寿期初）
		MOX 芯块（稳态运行）
燃料棒力学计算	包壳外径	UO_2 芯块（稳态）
		UO_2 芯块（RAMP）
		UO_2-Gd_2O_3 芯块（稳态）
		UO_2-Gd_2O_3 芯块（RAMP）
		MOX 芯块（寿期初）
		MOX 芯块（RAMP）
	包壳破损	UO_2 芯块（RAMP）
		UO_2-Gd_2O_3 芯块（RAMP）
		MOX 芯块（RAMP）
	燃料棒辐照生长量	锆-4
		ZIRLO
		M5
裂变气体释放计算	裂变气体释放量	UO_2 芯块（稳态）
		UO_2 芯块（瞬态）
		UO_2-Gd_2O_3 芯块（稳态）
		UO_2-Gd_2O_3 芯块（瞬态）
		MOX 芯块（稳态）
		MOX 芯块（瞬态）
内压计算	空腔体积	
	燃料棒内压	
包壳腐蚀吸氢计算	包壳腐蚀层厚度	锆-4
		ZIRLO
		M5
	包壳吸氢量	Zr-4
		ZIRLO
		M5

本节中以 UO_2、UO_2-Gd_2O_3 和 MOX 芯块，Zr-4、ZIRLO 和 M5 包壳为例，给出了燃料棒确认矩阵模板，其他类型芯块或包壳的确认矩阵可以参照本表建立。只有当确认矩阵中每一项都得到确认时，才能认为确认数据是完整的。

9.3.2 热学分析

燃料棒温度计算功能通过热学模型计算冷却剂温度、包壳温度、间隙温度和芯块温度。因此，燃料棒温度计算功能的实现所需关键理论模型应包括冷却剂–燃料外表面传热模型、气体导热模型、接触导热模型、辐射换热模型、芯块热导率模型和径向功率分布模型。

燃料棒温度计算功能相关理论模型确认的方式如下：

1）气体导热模型可以通过寿期初芯块包壳间隙闭合前的芯块中心温度进行确认。由于寿期初芯块中心温度的计算中包含了气体导热模型，因此其确认结果的正确性可以说明气体导热模型的正确性；

2）接触导热模型可以通过芯块和包壳间隙闭合后稳态运行阶段的芯块中心温度进行确认。由于稳态运行阶段芯块中心温度的计算中包含了接触导热模型，因此其确认结果的正确性可以说明接触导热模型的正确性；

3）冷却剂–燃料外表面传热模型、辐射换热模型、芯块热导率模型和径向功率分布模型可以通过寿期初和稳态运行阶段的芯块中心温度进行确认。由于芯块中心温度的计算中包含了上述模型，因此其确认结果的正确性可以说明上述模型的正确性。

9.3.3 力学分析

燃料棒力学计算功能通过包壳应力、包壳弹性应变、包壳塑性应变、包壳蠕变、包壳辐照生长、芯块应力、芯块弹性应变、芯块肿胀、芯块密实、芯块重定位等力学模型，计算包壳应变、包壳应力和燃料棒生长等参数。因此，燃料棒力学计算功能实现所需的关键理论模型包括建立应力与应变的关系式所需的几何方程、应力平衡方程、本构方程、轴向力平衡方程，以及芯块重定位模型、芯块密实与固体肿胀模型、芯块气体肿胀模型、包壳塑性应变模型、包壳低应力蠕变模型、包壳高应力蠕变和松弛模型、燃料棒辐照生长模型。燃料棒力学计算功能相关理论模型确认的方式如下：

1）建立应力与应变的关系式所需的几何方程、平衡方程、本构方程、轴向力平衡方程为基本物理关系式，无须进行确认；

2）芯块重定位模型、芯块气体肿胀模型、芯块密实与固体肿胀模型、包壳塑性形变模型、包壳低应力蠕变、包壳高应力蠕变和松弛模型、辐照生长模型、可以通过稳态运行和 RAMP（功率坡）试验下的包壳外径数据、RAMP 试验后的包壳外径破损数据以及燃料棒生长数据进行了确认。由于在各项数据的计算中包含了上述模型，因此其确认结果的正确性可以说明上述模型的正确性；

3）由于无法直接测量包壳应力值，因此国际上通常采用 RAMP 试验的破损数据对包壳应力计算功能相关理论模型进行确认，确定包壳应力准则限值的合理性。

9.3.4 裂变气体释放和内压分析

1. 裂变气体释放

裂变气体释放计算功能通过求解裂变气体非热释放量、裂变气体热释放量计算裂变气体总释放量。因此，裂变气体释放计算功能的实现所需的关键理论模型包括裂变气体热释放和裂变气体非热释放模型。

裂变气体释放计算功能应通过稳态和瞬态裂变气体释放数据分别进行确认。

2. 内压

内压计算功能通过求解裂变气体非热释放量、裂变气体热释放量以及气体状态方程计算燃料棒内压。因此，内压计算功能的实现所需的关键理论模型包括裂变气体热释放、裂变气体非热释放模型和内压模型。

内压计算功能是在裂变气体释放确认的基础上，再通过内压数据进行确认，由于内压数据相对较少，因此需要通过燃料棒空腔体积数据进行了补充确认。

9.3.5 腐蚀吸氢分析

包壳腐蚀吸氢功能通过燃耗、包壳温度等参数计算包壳腐蚀层厚度和包壳吸氢量，包壳腐蚀吸氢计算功能的实现所需的关键理论模型是包壳腐蚀模型和包壳吸氢模型。

包壳腐蚀吸氢计算功能包括包壳腐蚀计算和包壳吸氢计算：

1）包壳腐蚀计算的实现所需的包壳腐蚀模型可以通过包壳腐蚀层厚度数据进行确认；

2）包壳吸氢计算的实现所需的包壳吸氢模型可以通过包壳吸氢数据进行确认。

9.4 确认数据充分性

9.4.1 概述

燃料棒性能分析软件确认过程中确认数据的主要特征参数包括芯块类型、包壳类型、燃料富集度/质量分数、燃料初始密度、燃料棒燃耗深度、线功率密度等。表 9-4 给出燃料棒性能分析软件确认数据充分性评价的模板，其中软件确认范围为各确认项确认范围的交集：即在表中所示的参数的确认范围内，所有相关确认项均得到了确认。只有当确认范围应涵盖软件适用范围，软件适用范围应涵盖应用对象适用范围时，才能认为软件确认是充分的。

表 9-4 燃料棒性能分析软件确认数据的充分性

参数	软件确认范围	软件适用范围	应用对象适用范围
芯块类型	覆盖软件适用范围	覆盖应用对象适用范围	如 UO_2、UO_2-Gd_3O_2
包壳类型	覆盖软件适用范围	覆盖应用对象适用范围	如 Zr-4、ZIRLO、M5
燃料富集度/质量分数	覆盖软件适用范围	覆盖应用对象适用范围	如 4.45%/8%
初始密度	覆盖软件适用范围	覆盖应用对象适用范围	如 95.5%T.D.
燃料棒燃耗深度	覆盖软件适用范围	覆盖应用对象适用范围	如 0～62 000 GWd/tU
线功率密度	覆盖软件适用范围	覆盖应用对象适用范围	如 0～60 kW/m

9.4.2 热学分析

燃料棒热学分析功能可以通过芯块中心温度数据进行确认。

热学计算功能应用范围与芯块类型、燃料富集度/质量分数、初始密度、燃料棒燃耗深度、线功率密度等参数密切相关，因此，燃料棒温度计算功能所需确认数据对应用对象的适用性评价应重点关注上述参数范围。

表 9-5 给出了热学模型确认数据充分性评价的模板。

表 9-5 热学模型确认数据的充分性

参数	软件确认范围	软件适用范围	应用对象适用范围
芯块类型	覆盖软件适用范围	覆盖应用对象适用范围	如 UO_2、UO_2-Gd_3O_2
燃料富集度/质量分数	覆盖软件适用范围	覆盖应用对象适用范围	如 4.45%/8%
初始密度	覆盖软件适用范围	覆盖应用对象适用范围	如 95.5%T.D.
燃料棒燃耗深度	覆盖软件适用范围	覆盖应用对象适用范围	如 0～62 000GWd/tU
线功率密度	覆盖软件适用范围	覆盖应用对象适用范围	如 0～60 kW/m

在热学分析确认的充分性评价过程中应关注确认数据的燃耗与线功率密度分布是否均匀、全面，以保证确认数据的充分性。

此外，还应关注芯块中心温度的预测值与测量值的比值（P/M）是否与燃耗和线功率密度相关。当芯块中心温度的 P/M 值随燃耗或线功率密度产生明显趋势性变化，特别是趋向于不保守方向时，应对高温区进行分析，确保计算结果的保守性。

目前，芯块中心温度通常缺少高线功率密度下确认数据，因此需要从以下角度对线功率密度的确认范围进行外推，以满足确认充分性的要求：

1）从机理和模型角度，当芯块未发生熔化时，芯块行为的物理现象和机理未发生变化，材料物性不会发生突变；

2）从敏感性分析角度，当线功率接近于芯块熔化的线功率时，芯块中心温度、内压、裂变气体释放、包壳应变的预测值不会出现陡边效应。

通常在芯块熔化前，芯块固体物性是连续的，不会发生突变，因此软件线功率适用范围一般可以外推到芯块熔化所对应的线功率密度。

芯块中心温度确认数据所采用和包壳类型应尽量应用对象的包壳类型一致，当二者的包壳类型不一致时，需要开展确认数据的适用性分析，即通过计算量化包壳类型对芯块中心温度结果的影响大小。通常不同锆合金包壳材料对于芯块中心温度确认的结果影响很小，不影响芯块中心温度确认数据的适用性。

9.4.3　力学分析

燃料棒温度计算功能包含包壳应变确认和包壳应力确认。

1. 包壳应变

包壳应变应用范围与芯块类型、燃料富集度/质量分数、初始密度、燃料棒燃耗深度、线功率密度等参数密切相关，因此，燃料棒温度计算功能所需确认数据对应用对象的适用性评价应重点关注上述参数范围。

表 9-6 给出了力学模型确认数据充分性评价的模板。

表 9-6　力学模型确认数据的充分性

参数	软件确认范围	软件适用范围	应用对象适用范围
芯块类型	覆盖软件适用范围	覆盖应用对象适用范围	如 UO_2、UO_2-Gd_3O_2
包壳类型	覆盖软件适用范围	覆盖应用对象适用范围	如锆-4、ZIRLO、M5
燃料富集度/质量分数	覆盖软件适用范围	覆盖应用对象适用范围	如 4.45%/8%
燃料棒燃耗深度	覆盖软件适用范围	覆盖应用对象适用范围	如 0～62 000 GWd/tU
线功率密度	覆盖软件适用范围	覆盖应用对象适用范围	如 0～60 kW/m

包壳应变确认数据所采用和包壳类型应尽量应用对象的包壳类型一致，当二者的包壳类型不一致时，需要开展确认数据的适用性分析：

1）芯块–包壳接触前包壳外径主要与包壳性能相关，不同包壳材料对于包壳外径确认的结果影响较大，只有当确认数据和应用对象的包壳类型一致时，才是可以接受的；

2）芯块–包壳接触后包壳外径主要与芯块变形相关，不同包壳材料对于包壳外径确认的结果影响很小，一般而言，包壳外径确认数据是适用的，但必须通过敏感性证明包壳类型对包壳外径影响较小。

在包壳应变分析确认的充分性评价过程中还应关注确认数据的燃耗与线功率密度分布是否均匀、全面。包壳应变通常也缺少高线功率密度下确认数据，因此需要采用与芯块中心温度相同的分析方法，对线功率密度的确认范围进行外推。

2. 包壳应力

包壳应力计算功能是为了避免包壳应力过大导致燃料棒发生破损，由于堆内包壳应力是不可测量的物理量，因此包壳应力确认的实质是确定包壳应力准则限值。包壳应力准则限值包括：包壳内表面应力、应变能密度和包壳体积平均有效应力。不同类型包壳的应力准则限值的选取应与包壳特性相适应：

1）包壳内表面应力准则：通常采用 TRESCA 应力，即两倍的最大剪应力。该准则是来源于最大剪应力屈服准则，认为当最大剪应力达到屈服极限时，材料进入塑性状态。4Zr 包壳通常采用包壳内表面应力准则；

2）应变能密度准则：应变能密度限值表征导致 PCI 失效所需要的能量。由于 M5 包壳具有高的粘塑性，升功率过程中，可能在未达到材料断裂极限时，包壳应力就会出现饱和现象，因此包壳内表面应力准则并不适用于 M5 包壳。M5 包壳通常可以采用应变能密度准则；

3）包壳体积平均有效应力准则：该准则基于 Von-Mises 应力建立，即在多轴应力作用下按照最大变形能理论计算有效应力，当有效应力达到材料屈服强度时，材料进入塑性状态。

需要注意的是，在确定屈服强度时应考虑温度和辐照效应的影响。

包壳应力准则限值通常通过 RAMP 试验确定。但目前由于国内缺少相关试验条件，因此只能通过间接的方式确定包壳应力准则限值。例如通过程序对比的方式完成：

1）通过包壳应变的确认间接证明包壳应力计算的可靠性；

2）进行同类软件的对比分析，如果软件的预测值与同类软件计算结果一致或更为保守，则可以采用同类软件的包壳应力准则限值。

需要注意的是，由于堆内包壳应力无法测量，因此包壳应力准则限值实质上为“相对量”，它不仅与包壳性能相关，也与所采用的燃料棒性能分析软件相关。即使完全相同的包壳，在采用不同软件计算时，其采用的包壳应力准则限值可能并不相同。

9.4.4　裂变气体释放和内压分析

裂变气体释放和内压计算功能包含裂变气体释放确认和燃料棒内压确认。

1. 裂变气体释放

裂变气体释放计算功能应用范围与芯块类型、包壳类型、燃料富集度/质量分数、初始密度、燃料棒燃耗深度、线功率密度等参数密切相关，因此，裂变气体释放计算功能所需确认数据对应用对象的适用性评价应重点关注上述参数范围。

表 9-7 给出了裂变气体释放模型确认数据充分性评价的模板。

表 9-7　裂变气体释放模型确认数据的充分性

参数	软件确认范围	软件适用范围	应用对象适用范围
芯块类型	覆盖软件适用范围	覆盖应用对象适用范围	如 UO_2、UO_2-Gd_3O_2
包壳类型	覆盖软件适用范围	覆盖应用对象适用范围	如锆-4、ZIRLO、M5
燃料富集度/质量分数	覆盖软件适用范围	覆盖应用对象适用范围	如 4.45%/8%
初始密度	覆盖软件适用范围	覆盖应用对象适用范围	如 95.5%T.D.
燃料棒燃耗深度	覆盖软件适用范围	覆盖应用对象适用范围	如 0～62 000 GWd/tU
线功率密度	覆盖软件适用范围	覆盖应用对象适用范围	如 0～60 kW/m

2. 内压

内压计算功能应用范围与芯块类型、燃料棒燃耗深度等参数密切相关，因此，内压计算功能所需确认数据对应用对象的适用性应重点关注上述参数范围。表 9-8 给出了内压模型确认数据充分性评价的模板。

表 9-8　内压模型确认数据的充分性

参数	软件确认范围	软件适用范围	应用对象适用范围
芯块类型	覆盖软件适用范围	覆盖应用对象适用范围	如 UO_2、UO_2-Gd_3O_2
燃料棒燃耗深度	覆盖软件适用范围	覆盖应用对象适用范围	如 0～62 000 GWd/tU

由于内压确认数据通常较少，因此需要开展补充确认。根据气体状态方程，燃料棒内压与以下参数相关：

1）燃料棒温度；

2）气体摩尔数；

3）自由体积。

燃料棒温度已经通过热学模型进行了确认，气体摩尔数也通过裂变气体释放模型进行了确认，所以还需要对空腔体积进行确认，作为内压确认的补充。

9.4.5 腐蚀吸氢分析

包壳腐蚀吸氢计算功能包括包壳腐蚀确认和包壳吸氢确认。

包壳腐蚀吸氢计算应用范围均与包壳类型和燃料棒燃耗深度等参数密切相关，因此，包壳腐蚀吸氢计算所需确认数据对应用对象的适用性评价应重点关注上述参数范围。

表 9-9 给出了包壳腐蚀吸氢模型确认数据充分性评价的模板。

表 9-9　包壳腐蚀吸氢确认数据的充分性

参数	软件确认范围	软件适用范围	应用对象适用范围
包壳类型	覆盖软件适用范围	覆盖应用对象适用范围	如锆-4、ZIRLO、M5
燃料棒燃耗深度	覆盖软件适用范围	覆盖应用对象适用范围	如 0～62 000 GWd/tU

9.5 确认数据正确性

9.5.1 热学分析

热学分析确认数据的正确性可以通过芯块中心温度的预测值与测量值的比值（P/M）均值和标准差进行表征。如果燃料棒性能分析软件采用了多种芯块，则需要分别计算每种芯块的 P/M 均值和标准差。由于寿期初处于升功率阶段，且芯块和包壳的间隙尚未闭合，与稳态运行阶段相比，造成燃料棒温度变化的因素有所差异，因此需要对寿期初和稳态运行阶段的芯块中心温度的计算值和测量值分别进行分析。

只有当分析结果的 P/M 均值接近 1 或大于 1 时，即计算值和测量值符合较好或计算值偏向保守时，燃料棒温度计算功能所需理论模型才是可接受的。P/M 标准差与不确定性分析相关，当 P/M 标准差较大时，应特别关注热学分析不确定度的合理性。

9.5.2 力学分析

1. 包壳应变

包壳应变确认数据的正确性可以通过包壳外径的 P/M 均值和标准差进行表征。如果燃料棒性能分析软件采用了多种包壳，则需要分别计算每种包壳的 P/M 均值和标准差。由于包壳应变准则存在稳态和瞬态两类限值，且稳态与瞬态所对应的物理现象有所不同，因此需要对稳态和瞬态包壳应变计算值和测量值分别进行分析。

只有当分析结果的 P/M 均值接近 1 或大于 1 时，即计算值和测量值符合较好或计算值偏向保守时，包壳应变计算功能所需理论模型才是可接受的。P/M 标准差与不确定性分析相关，当 P/M 标准差较大时，应特别关注包壳应变不确定度的合理性。

2. 包壳应力

包壳应力确认数据主要与应力准则限值的保守性相关。对于包壳应力准则的确认，可以采用保守的计算方法：燃料棒线功率考虑中子不确定性，增加功率保守性；基于制造公差，芯块–包壳间隙采用最小间隙，增加芯块–包壳相互作用的保守性。如上文所述，应力准则限值是不仅与材料相关，还与程序相关。相同材料采用不同燃料棒性能分析程序计算时，应力准则限值有可能不同。

9.5.3　裂变气体释放和内压分析

1. 裂变气体释放

裂变气体释放按照机理可以分为热释放和非热释放，而热释放又可以分为稳态释放和瞬态释放。因此需要对裂变气体的非热释放、稳态释放和瞬态释放的计算值和测量值分别进行对比，只要 P/M 均值接近 1，即可认为各类气体释放计算值和测量值符合较好。由于裂变气体释放现象具有很大的不确定性，因此 P/M 标准差所表征的裂变气体释放的试验点通常分散度较大，需要在不确定性分析中特别关注裂变气体上包络模型对试验点的包络性。

2. 内压

内压确认数据的正确性可以通过内压预测值与测量值的差值（P-M）均值和标准差进行表征。只有当分析结果的 P-M 均值接近 0 或大于 0 时，即计算值和测量值符合较好或计算值偏向保守时，燃料棒内压计算功能所需理论模型才是可接受的。

9.5.4　腐蚀吸氢分析

腐蚀吸氢确认数据的正确性可以通过腐蚀层和产氢量的 P/M 均值和标准差进行表征。只有当分析结果的 P/M 均值接近 1 或大于 1 时，即计算值和测量值符合较好或计算值偏向保守时，腐蚀吸氢计算功能所需理论模型才是可接受的。

9.6　评价过程中的主要问题

在软件评价过程中，软件确认中较为普遍的问题主要包括以下几类。

1. 确认数据随燃耗和线功率密度有明显的变化趋势

在评价过程中，应该关注热学、力学、裂变气体释放等数据测量值与预测值比值（M/P）随燃耗和线功率密度的变化趋势。上述模型经过校准后，M/P 随燃耗和线功率密度不应存在明显的变化趋势。

如果热学、力学、裂变气体释放等数据 M/P 值随燃耗和线功率密度有明显的变化趋势，就意味着整体计算值的正确性或保守性并不能代表在局部计算值正确性或保守性。此时，应特别关注 M/P 值较高，即计算值保守度有所下降的试验点：在考虑不确定性后，只有当这些试验点计算值仍然可以包络绝大部分测量值时，才能认为确认数据可以被接受。

2. 代表不同现象的数据在确认过程中混用

在进行芯块中心温度、包壳应变、裂变气体释放等参数的确认时，尽管在不同情况下的测量参数都是相同的，但对应的物理过程可能差异较大，因此应基于物理现象对确认数据进行分类后，分别进行确认：

1）对于芯块中心温度而言，由于寿期初芯块–包壳的间隙尚未闭合，与稳态运行后间隙闭合时所对应的现象有所不同，因此寿期初和稳态运行时芯块中心温度应分别进行分析；

2）对于包壳应变和裂变气体释放而言，由于稳态运行和瞬态功率坡所对应的现象也有所不同，因此稳态运行和包含瞬态功率坡的试验也应进行区分，并分别进行分析。

3. 芯块包壳作用（PCI）限值的确定

不同类型包壳的 PCI 限值有所不同：对于 M5 包壳，可以采用应变能密度作为 PCI 技术限值；对于 4Zr 包壳，可以采用包壳内表面应力作为 PCI 技术限值；此外，还可以采用包壳体积平均有效应力作为 PCI 技术限值。

目前，国内尚不具备开展 RAMP 试验的能力，无法试验得到包壳的 PCI 限值，因此对于 PCI 准则的分析过程，可以采用保守的计算方法：

1）考虑燃料棒线功率中子不确定性，增加功率保守性；

2）基于制造公差，芯块–包壳间隙采用最小间隙，增加芯块–包壳相互作用的保守性。

PCI 准则的确认可以采用同类软件对比的方式确定：当 PCI 的计算结果与国际同类成熟软件相同或更加保守时，可以采用同类软件所确定的 PCI 限值。

由于无法验证 PCI 应力分析结果的正确性，因此 PCI 限值不仅与物性材料相关，还与所采用的燃料棒性能分析软件相关。对于同样的包壳材料，采用不同软件计算时的 PCI 限值可能不同。

4. 线功率密度适用范围的确定

线功率密度对热学模型、芯块–包壳接触后的力学模型、裂变气体释放模型产生较大影响，因此上述模型的线功率密度适用范围应尽量被确认范围覆盖。但通常高线功率密度下的实验数据获取较难，需要通过其他方法论证线功率密度适用范围扩展的合理性：

1）从机理和模型角度，当芯块未发生熔化时，芯块行为的物理现象和机理是否发生变化、材料物性是否发生突变；

2）从敏感性分析角度，当线功率接近于芯块熔化的线功率时，芯块中心温度、内压、裂变气体释放、包壳应变的预测值是否出现陡边效应。

如果在芯块熔化前，芯块固体物性是连续的，不会发生突变，那么参照国际同类软件实践经验，可以认为燃料棒性能分析软件线功率密度范围可限定为不大于芯块熔化时对应的线功率密度。

5. 缺少数据的适用性分析

用于确认的试验数据中，有一部分试验数据的材料性能、适用参数范围与研究对象不一致，这类数据在使用时必须开展适用性分析，保证试验数据对研究对象的可用性。但是，这并不意味着研究对象和试验数据一定要采用完全相同的材料。例如：

1）如果包壳外径确认数据与应用对象采用的包壳不同，那么需要对包壳外径确认数据开展敏感性分析。芯块与包壳接触前测量的包壳外径与包壳类型关系较大，因而相关确认数据通常不适用；而芯块与包壳接触后测量包壳外径，在很大程度上受到芯块力学性能的影响，而与包壳力学性能关系相对较小，因而相关确认数据通常适用于应用对象；

2）如果芯块中心温度确认数据与应用对象采用的包壳不同，由于包壳对芯块中心温度的影响通常较小，因此包壳类型差异对确认结果的影响一般可以忽略，因而相关确认数据通常适用于应用对象。

9.7　确认试验能力的现状

9.7.1　正常运行工况下燃料棒性能试验

目前，国内各大核电集团均编写了燃料棒性能分析软件，并开展了相关软件的确认试验。但是普遍存在缺少开发、标定和分离效应试验数据，最重要的整体效应确认试验也普遍存在确认数据的充分性不足，无法覆盖软件的适用范围等问题。其中由于缺少部分包壳和芯块的开发或确认的试验能力，造成各大集团在软件评价过程中无法提供有力的数据支撑。

例如下面一些与芯块、包壳Ⅰ、Ⅱ类工况性能相关的试验，就亟待建立或完善。

1. 瞬态裂变气体释放测量（BUMP）试验

该试验用于研究瞬态裂变气体释放行为。需要在已有试验堆上新建 BUMP 试验回路。如果已有试验堆无法建立此回路，则需要新建试验堆，并建立相应回路。通过对运行到一定燃耗的燃料棒进行功率瞬态试验，然后通过在热室内刺孔测量裂变气体释放量。根据获得瞬态前后的试验数据，验证裂变气体瞬态释放模型并优化。

目前针对二氧化铀芯块的试验数据已经较多，但如果开发新燃料芯块，需要对新燃料在不同燃耗不同瞬态功率下开展试验。

2. 包壳和芯块中心温度测量试验

该试验用于获得包壳和芯块中心温度，研究燃料棒传热特性。需要在已有试验堆上新建包壳温度和芯块中心温度在线测量试验的回路，如果已有试验堆无法建立此回路，则需要新建试验堆，并建立相应回路。通过特殊设计进行燃料棒中心温度和包壳温度的堆内测量。用于验证燃料棒温度场计算的精确度。

3. 燃料棒 PCI 性能试验（RAMP）

该试验可以用于芯块和包壳力学性能的研究，包壳应力准则也可以基于该试验建立。通过辐照 1 个到 4 个循环的截短燃料棒的功率跃增试验，可以获得燃料棒包壳的 PCI 失效限值。试验可以在已有试验堆上新建 RAMP 试验回路，如果已有试验堆无法建立此回路，则需要新建试验堆，并建立相应回路。基于燃料棒直径随功率的变化等试验数据，在研究 PCI 失效机理的基础上，进行包壳 PCI 失效技术限值研究。

4. 包壳力学性能试验

包壳力学性能试验包括力学性能试验、蠕变试验和疲劳试验：

1）力学性能试验是对辐照后燃料棒包壳进行的拉伸试验和内压爆破试验，可以获得力学性能及模型确认数据。试验可以在热室的拉伸和爆破试验机上进行试验。根据拉伸或内压爆破试验获得的数据，可以进行应力应变关系的验证及模型优化；

2）通过对辐照后燃料棒包壳进行蠕变试验，可以获得蠕变性能及模型验证数据。蠕变试验是在热室蠕变试验机进行的试验。根据蠕变试验获得的数据，可以进行蠕变模型的验证及模型优化；

3）通过对辐照后燃料棒包壳进行疲劳试验，可以获得包壳抗疲劳性能和模型验证数据。试验在热室的拉伸或内压疲劳试验机上进行试验。根据试验获得的数据，可以进行抗疲劳性能的验证。

5. 小结

除了上述一些重要的试验，国内开发、标定等基础试验能力的缺失也较为明显。特别是与芯块开发、标定和确认方面的试验，不仅有大量缺项，已有试验台架的试验能力也无法完全满足工程应用的要求。因此燃料棒性能分析试验能力，仍然是未来制约我国燃料棒性能分析程序自主化的主要困难之一。

9.7.2 新型包壳性能试验

上述试验以外，针对各大集团都在开发自主化新型包壳，特别是 ATF 包壳的开发，不仅涉及多种思路，且与传统包壳性能存在较大差异，因此需要从最底层的试验能力开始建设，相关的确认试验也需要完善，以技术条件较为成熟的涂层包壳为例，至少需要在以下几个方面进行完善。

1. 池边检查

池边检查数据可以用来建立涂层包壳腐蚀模型和辐照生长模型。池边检查需要新建试验设备，开展涂层包壳腐蚀和辐照生长的测量，用于建立涂层包壳腐蚀模型和辐照生长模型；

2. 热室检查

热室检查可以获得 ATF 燃料棒热室试验数据，用于软件确认。热室检查需要新建试验设备，开展大晶粒二氧化铀密度、燃料棒内压、FGR、芯块孔隙率分布、包壳外径、包壳腐蚀层、包壳吸氢量等热室试验。

9.7.3 事故工况下燃料棒性能试验

另外也有一些试验虽然不属于Ⅰ、Ⅱ类工况性能的确认试验，但对燃料棒性能模型的建立和标定十分重要，且国内尚未完全建立相应的试验能力，在此一并说明：

1. LOCA 事故下燃料元件性能试验

通过开展 LOCA 事故下高温氧化试验和力学试验，可以获取包壳在 LOCA 事故条件下的性能数据，建立 LOCA 事故下性能数值模拟方法，并实现对 LOCA 事故下燃料元件性能的模拟。

辐照后燃料棒 LOCA 模拟试验，可以研究 LOCA 事故进程中燃料的变化及影响。在高温高压釜内开展包壳高温氧化实验，可以获得氧化膜厚度、氧化增重及吸氢量等氧化试验数据。基于氧元素的固体扩散理论，根据包壳高温氧化试验数据，可以建立包壳高温氧化模型。

2. RIA 事故下燃料元件性能试验

通过对 RIA 事故下燃料元件性能试验的研究，分析 RIA 事故下燃料元件性能，可以获取包壳在 RIA 事故条件下的性能数据，建立 RIA 事故下燃料元件性能数值模拟方法，实现对 RIA 事故下燃料元件性能的模拟。

该试验需要在脉冲堆上新建 RIA 事故模拟试验回路，如果已有脉冲堆无法建立此回路，则需要新建脉冲堆，并建立相应回路。通过开展不同氢浓度下包壳力学性能测试、包壳环向拉伸试验等，确定不同氢浓度下包壳的材料性能与环向拉伸失效（与 PCMI 相关）的失效限值。最后从 RIA 事故进程出发，研究高燃耗下芯块膨胀特性、包壳材料性能降级与变形、芯块–包壳相关作用，开发 RIA 事故下与 PCMI 相关的失效模型。燃料棒在 RIA 事故下的高温失效行为存在两种模式，即包壳肿胀和燃料棒淬火断裂。根据两种失效行为的特点，从 RIA 事故进程出发，结合局部沸腾危机导致的高温特征、包壳高温蠕变、燃料棒内压增加等特点，重点研究包壳鼓胀的失效机理，结合相应的模拟试验，可以获得判断高温失效的判定准则。

第十章　不确定性分析

10.1 概　述

燃料棒性能分析软件是燃料棒设计验证的重要设计工具，主要用于燃料棒性能分析准则的计算。对于采用保守模型的软件来说，无须开展不确定性分析就可以获得设计参数的保守值。而对于大多数采用最佳估算模型的燃料棒性能分析软件，则需要通过开展不确定性分析和敏感性分析来保证各项设计参数的保守性。如不特别说明，本章中所提到燃料棒性能分析软件均为采用最佳估算模型的软件。需要说明的是，即使是采用最佳估算模型的软件，有些模型（例如包壳应力）也会采用保守的评价模型，因而不涉及不确定分析。

燃料棒性能分析软件通常对以下准则开展不确定性分析和敏感性分析：

1）芯块中心温度准则；

2）燃料棒内压准则；

3）包壳应变准则；

4）包壳腐蚀准则。

敏感性分析是指输出不确定性和输入不确定性的比值。燃料棒性能分析软件通常先通过敏感性分析来筛选不确定性分析中需要考虑的因素。

设计参数的不确定性既与参数的敏感性相关，也与输入的不确定性相关。因此在开展不确定性分析时，需要同时关注对设计参数影响较大的输入，以及自身不确定性较大的输入。对于不同准则的不确定性分析，各项输入的保守性方向有可能不同，需要结合相关的物理现象进行分析。

设计参数的不确定性分析结果可以通过对比软件计算值与试验测量值的方式进行验证。如果设计参数在考虑不确定性后的计算值可以包络大部分试验值，那么可以认为不确定性分析的结果是合理的。

10.2 不确定性分析方法

如上文所述，在工程分析中燃料棒性能分析在最佳估算的基础上，还需要考虑燃料棒设计参数的不确定度，计算燃料棒各个设计参数的包络值，用于保证工程设计的保守性，“最佳估算+不确定度”方法的具体步骤如下：

1）采用几何参数名义值和最佳估算模型，计算名义工况（即最佳估算）条件下燃料棒的设计参数；

2）明确影响燃料棒性能的不确定性参数，包括燃料棒几何参数、模型参数；

3）针对每个设计参数开展参数敏感性分析，筛选出对设计参数有较大影响的不确定性参数；

4）通过对物理现象的定性分析等方式，确定不确定性参数在设计参数不确定性分析中的取值方向；

5）基于制造公差和模型分析等方法，确定几何参数、模型参数在不确定性分析中的具体取值；

6）分别计算各个不确定性参数对设计参数不确定度，并确定设计参数的总不确定度；

7）基于最佳估算结果和不确定性分析结果计算各个设计参数的“包络值”；

8）通过对比设计参数的包络值和验收准则的许用值，验证在最保守的工况下设计参数是否满足设计准则要求。

10.3 不确定性参数

燃料棒性能分析的不确定性主要包括几何参数的不确定性以及模型不确定性。

影响不确定性分析的几何参数主要包括芯块外径、包壳内径、芯块密度、气腔长度和芯块密实等。几何参数的不确定性主要来自制造公差。

影响不确定性分析的模型通常包括芯块热导率模型、裂变气体释放模型、包壳蠕变模型、包壳辐照生长模型和包壳腐蚀模型等。模型的不确定度是基于测量数据的保守性确定的。通常测量数据样本需先经过正态分布检验：

1）通过正态分布检验的数据项用平均值、标准差等统计参数表征该数据项的不确定度。例如可以根据国标《GB /T 3359—2009 数据的统计处理和解释统计容忍区间的确定》中的方法，通过正态分布总体均值和方差、正态分布单侧双 95%置信区间查表和正态分布双侧双 95%置信区间查表来确定；

2）对于不服从正态分布，未通过正态分布检验的数据项，可以用非参数公差极限表征该数据项的不确定度，例如，采用 RG1.126 推荐方法计算模型不确定性。RG1.126 推荐的方法是统计数学中的经典方法，即非参数统计中的单边上包络容忍限计算方法。模型不确定性要保证在 95%的置信度下，至少包络 95%的数据，这与单边上包络容忍限定义是相同的。

除此之外，对于一些验证数据量较小的模型，有时无法对模型的不确定性进行统计学分析。因此，需要根据验证结果给出一定的模型不确定性，在考虑模型不确定性后，应该能够包络大部分验证数据。

10.4 设计参数的不确定性

燃料棒性能分析软件需要开展不确定性分析的设计参数一般包括：芯块中心温度、包壳外径、燃料棒内压和包壳腐蚀，分别对应芯块中心温度准则、包壳应变准则、燃料棒内压准则和包壳腐蚀准则。

在开展每个设计参数的不确定性分析时，需要确定并筛选对该设计参数有较大影响的不确定性参数。不确定性参数的筛选是基于物理现象和工程实践，结合参数敏感性分析完成的。例如，可以采用归一化敏感性因子确定各不确定性参数对设计参数的影响程度，根据筛选标准确定是否在不确定性分析中考虑该参数。明确不确定性参数后，分别计算各个不确定性参数对设计参数的影响程度，并最终确定设计参数的总不确定度。

10.4.1 芯块中心温度

燃料棒温度主要受到间隙尺寸和温度的影响，因此至少应考虑燃料温度模型、燃料密度、间隙尺寸、燃料密实、裂变气体释放模型、腐蚀模型、蠕变模型的影响。

一般而言，对芯块温度不确定分析影响较大的因素包括：间隙尺寸、燃料密度、燃料密实和燃料温度模型等。上述各个不确定性参数取值方向和对应的物理现象如下：

1）间隙尺寸取最大值：增加芯块温度。间隙尺寸增加会导致间隙热导降低，芯块外表面温度增加，导致芯块整个温度升高；

2）燃料密度取最小值：降低芯块热导率。芯块密度下降，会导致芯块热导率下降，从而温度上升；

3）燃料密实取最小值：降低芯块热导率。芯块密实下降，会导致芯块孔隙率增加，从而降低芯块热导率；

4）芯块中心温度取上包络模型：增加芯块温度。

10.4.2 包壳外径

包壳应变主要受芯块–包壳相互作用影响，因此，至少应考虑芯块温度模型、燃料密度、包壳蠕变、燃料密实、间隙、包壳腐蚀、气腔的影响。

一般而言，对包壳应变的不确定分析影响较大的因素包括：间隙尺寸、包壳蠕变模型、燃料温度模型、燃料密实和燃料密度等。上述各个不确定性参数取值方向和对应的物理现象如下：

1）间隙尺寸取最小值：增加芯块–包壳相互作用。初始间隙变小，发生Ⅱ类瞬态后相互作用力变大；

2）包壳蠕变模型取上包络模型：包壳蠕变预测更大，导致更大包壳应变；

3）芯块中心温度取上包络模型：增加Ⅱ类瞬态工况下的芯块温度，导致更加强烈的芯块–包壳相互作用；

4）燃料密实取最小值：使孔隙率增加，导致热导率降低，增加Ⅱ类瞬态工况下的芯块温度，导致更加强烈的芯块–包壳相互作用；

5）燃料密度取最小值：原因与燃料密实取最小值相同，增加孔隙率。

10.4.3 内压

燃料棒内压主要与自由体积和气体释放量有关，因此至少应考虑裂变气体释放模型、燃料密实、间隙、气腔、腐蚀模型和蠕变模型的影响。

一般而言，对内压的不确定分析影响较大的因素包括：最大间隙尺寸、上边界裂变气体释放模型、燃料密实、气腔长度等。上述各个不确定性参数取值方向和对应的物理现象如下：

1）间隙尺寸取最大值：增加裂变气体释放。间隙尺寸大导致芯块温度增大，从而导致释放更多的裂变气体；

2）裂变气体释放取上包络模型：增加裂变气体释放；

3）燃料密实取最小值：增加裂变气体释放。更小的密实将会导致芯块孔隙率增大，降低热导率，增加芯块温度，从而导致释放更多的裂变气体；

4）气腔长度取最小值：减小燃料棒自由体积。

芯块温度模型的不确定性对于内压的影响可以通过裂变气体释放考虑，因为芯块温度模型的不确定性会影响芯块温度从而影响裂变气体释放，并且它对自由空腔的气体温度影响较大。如果在内压不确定性分析中，已考虑了裂变气体释放模型的不确定性，那么可以不考虑芯块温度的不确定性，否则就重复考虑了裂变气体释放的不确定性。

10.4.4 包壳腐蚀

包壳腐蚀主要受包壳温度影响，因此，至少应考虑包壳腐蚀模型、燃料温度模型、燃料密实、燃料密度、裂变气体释放模型、间隙和蠕变模型的影响。

一般而言，对包壳腐蚀的不确定分析影响较大的因素是腐蚀模型。腐蚀模型应取上包络模型，增加腐蚀层厚度，使计算结果更加保守。

10.5 设计参数的保守性

在完成各项不确定性因素对设计参数影响的分析以后，可以计算设计参数的总不确定度。燃料棒性能不确定性分析通常采用 SRSS 方法（平方和开平方方法），即对给定的设计参数，计算各个参数（主要是燃料棒几何参数和模型参数）的不确定性单独对设计参数的不确定度值，再采用 SRSS 方法合成而设计参数的总不确定度值。

$$\Delta X = \sqrt{\sum_i (\Delta X_i)^2} \tag{10.1}$$

X：燃料棒设计参数

ΔX ：设计参数 X 的总不确定度值

ΔX_i：第 i 个参数的不确定性单独对设计参数的不确定度值

对于采用最佳估算模型的设计参数而言，其包络值为最佳估算值和不确定度之和。

对于采用保守模型的设计参数，无需开展不确定性分析，保守模型的计算结果即为该设计参数的包络值。但需要特别注意的是保守模型必须采用保守程序、保守可用性假设、保守数据（包括初始条件和边界条件）。

10.6 不确定性分析评价

10.6.1 评价要求

燃料棒性能分析软件不确定性分析的目的，是为采用最佳估算设计参数的不确定性提供一个定量的值。这个不确定性包括模型引入的不确定性、输入参数的不确定性以及程序本身的不确定性。而敏感型分析的目的则是找出对设计参数计算结果影响较大的输入。

对于不确定性和敏感性分析，在评价过程中重点关注以下内容：

1）不确定性分析方法是否正确；

2）不确定性分析内容是否包含了所有采用最佳估算模型的设计参数；

3）燃料棒几何参数、模型参数等不确定性参数的选取是否合理和全面；

4）是否开展了设计参数的敏感性分析；

5）不确定性参数的筛选的原则和结果是否可以接受；

6）是否结合相关的物理现象对不确定性参数的取值方向进行了分析；

7）燃料棒几何参数的取值来源、模型参数的取值依据是否明确可靠；

8）考虑不确定性后设计参数的计算值是否能包络大部分试验数据。

燃料棒性能分析软件的不确定性分析范围，应涵盖软件的所有采用最佳估算模型的设计参数。对于每个设计参数，应通过敏感性分析筛选出对结果影响较大的不确定性因素，作为该设计参数不确定性分析的关注对象。

特别说明的是，除本书列出的芯块中心温度、包壳外径、燃料棒内压和包壳腐蚀以外，根据软件的具体需求和功能，还可以对其他设计参数进行不确定性分析。在评价中，可以根据设计参数的具体特征，参照本章节中的方法，判断其敏感性分析与不确定性分析的合理性。

需要再次强调的是，不确定性分析是对采用最佳估算评价模型的程序的要求，对于采用保守评价模型的程序，无需开展不确定性分析。但是需要关注保守程序中物理模型、前提假设、边界条件和初始参数的保守性，并且需要核实程序设计参数的计算值是否能包络大部分试验数据。

10.6.2 评价过程中的主要问题

在软件评价过程中，不确定性分析的主要问题包括以下几类。

1. 不确定性分析过程不完整

对于燃料棒性能分析的设计参数，应从不确定性分析方法、不确定性影响因素的筛选、设计参数在不确定性分析中的取值及依据、不确定性分析结果等角度对不确定性分析过程进行全面的论述。论述过程可以参考上一节评价过程中的重点关注内容。在不确定性分析中任何环节的缺失或不完善都会对整体结果产生影响。

2. 缺少可用于不确定性分析的试验数据

燃料棒性能分析过程中，常常遇到缺少用于验证、确认和不确定性分析数据的情况，通常需要通过开展机理分析、保守性分析和间接参数分析等方式来对设计参数的不确定性进行分析。例如：

1）目前国内普遍缺少内压不确定性分析的数据，需要采用间接的分析方式来验证内压不确定性分析的合理性。由于燃料棒内压在机理上与燃料棒气体摩尔数、空腔体积和气体温度相关，因此内压不确定度可以通过裂变气体释放、燃料棒空腔体积和气体温度的不确定度间接进行表征，在一定程度上弥补内压不确定性分析数据较少的问题。此外，还必须保证内压相关的不确定性参数的取值足够保守；

2）目前用于 UO_2-Gd_2O_3 燃料棒裂变气体释放不确定性的数据很少。由于可燃毒物的存在，相对于 UO_2 燃料棒，UO_2-Gd_2O_3 燃料棒是非极限棒，与裂变气体释放强相关的线功率密度远小于 UO_2 燃料棒，因此国际同类软件普遍将 UO_2 燃料棒试验数据建立的裂变气体释放上包络模型，直接应用与 UO_2-Gd_2O_3 燃料棒。

值得特别注意的是，对于缺少不确定性分析试验数据的情况，并不存在普遍的解决方案，需要根据不同情况，研究具体的处理方式。

3. 缺少数据的适用性分析

用于不确定性分析的试验数据中，有一部分试验数据的材料性能、适用参数范围与研究对象不一致，这类数据在使用时必须开展适用性分析，以保证这些试验数据对研究对象的可用性。

在进行芯块中心温度不确定度计算时，如果研究对象和试验数据所使用的芯块类型不同，那么试验数据通常不能用于不确定性分析。但是，这并不意味着研究对象和试验数据一定要采用完全相同的材料：例如，开展芯块中心温度不确定度分析时，对于与研究对象芯块类型相同，包壳类型不同的试验数据，通常可以使用，因为包壳类型对芯块中心温度的贡献相对较小。但需要特别注意的是，在使用上述数据开展不确定性分析前，必须进行数据的适用性分析，量化不同包壳对芯块中心温度不确定性的影响。

4. 对不同物理现象分别开展不确定性分析

对于每一个设计参数，不同情况下相关的物理现象可能有所不同，因此有必要分别开展不确定性分析。例如稳态运行情况下芯块中心温度、包壳外径和裂变气体释放的机理与瞬态有所不同；寿期初芯块–包壳接触前与芯块–包壳接触后芯块中心温度、包壳外径的机理也不一样，由于需要考虑的不确定性因素自然有所差异，因此应该分别开展不确定性分析。但在实际应用中，如果不同情况下不确定性结果差别不大，或者不确定性分析过程足够保守，能够包络所有情况，那么也可以在相关分析结果的支持下，一并进行不确定性分析。

第十一章　评价计算

11.1　概　述

在软件评价过程中，需要基于申请者提交燃料棒性能分析软件及确认算例，开展复核验算、软件敏感性分析以及校核计算。其中复核验算包括软件功能测试、试验和基准题等确认算例验算、应用对象计算模型验算。

软件功能测试：针对功能完整性评估中梳理的燃料棒性能分析软件功能模块进行测试，测试各计算模块的可用性，并通过与功能描述对比，评估计算模块实际功能与描述是否吻合。

确认算例验算：从申请者提交的确认算例中选取部分有代表性的算例进行验算，并与算例的原始资料进行比对，评估确认算例建模的正确性，通过与试验值的对比结果，评估软件理论模型及主要参数计算的正确性。

应用对象计算模型验算：针对燃料棒性能分析软件的应用对象的计算模型，开展了最佳估算值和不确定性的验算工作，评估软件是否具备申请者承诺软件具备的功能和不确定性分析能力。

软件敏感性分析：评价人员基于申请者提交的燃料棒性能分析软件的敏感性分析数据，选取典型数据开展计算，评估敏感性分析的正确性。

校核计算：评价人员选取国际上认可度较高的基准题，进行独立建模计算，通过对基准题算例模型的深入解析和对比，评估燃料棒性能分析软件的计算模块、输入参数、理论模型等设计的合理性。

11.2　功能测试

燃料棒性能分析软件功能性测试的目的是测试燃料棒性能分析软件的计算能力以及各个计算模块的功能。基于申请者提供的应用对象输入模型，测试燃料棒性能分析软件中燃料棒温度计算、包壳应变计算、包壳应力计算、裂变气体释放及内压计算、包壳腐蚀计算、包壳吸氢计算、燃料棒生长计算等功能，核实燃料棒性能分析软件的计算功能可以正常使用。

与复核验算相比，功能测试主要关注主要功能的可用性，而对软件分析结果的正确性没有要求，因此对算例来源的可靠性没有要求。但功能测试必须能够覆盖软件关键理论模型和主要计算功能。由于分析过程完全一致，因此功能测试也可以与复核验算同时进行，选取可靠的算例，先进行功能测试，然后基于分析结果再进行复核验算的评价。

11.3　确认算例的复核验算

确认算例的复核验算是基于申请者提交的文件及输入、输出卡片，开展试验、基准题的验算。评价人员通过文件审查，分析基准题来源文件的可靠性，评价试验和基准题来源文件是否完整，审查参考解来源的可信度，并基于试验和基准题的参考文件审查燃料棒性能分析软件计算模型的完整性和正确性，最后将验算结果与申请者提交的输出卡、自评价报告中用于软件确认的数据进行对比，评估确认数据的正确性。

验算算例在选取时应尽量覆盖了全部试验项目，并明确验算比例（验算数和申请方提交总算例数量的比值）。

验算算例的选取主要考虑以下几个方面：

1）算例来源文件可靠。可靠的数据应满足：来源于大型实验室或机构以官方名义发布的完整报告、模型描述完整、试验数据一般需明确测量误差、基准题发布者需给出官方参考解，并考虑参考解的来源等；

2）能够覆盖软件关键理论模型，同时尽可能多地覆盖软件理论模型，例如热学模型、力学模型、裂变气体释放模型、内压模型、腐蚀模型和吸氢模型等。选取的算例至少能够覆盖一个理论模型，软件关键理论模型必须被选取的算例集全部覆盖；

3）明确软件功能确认所需主要计算结果，选取算例要求能够覆盖燃料棒温度计算、包壳应变计算、包壳应力计算、裂变气体释放及内压计算、包壳腐蚀计算、包壳吸氢计算、燃料棒生长计算等功能要求的主要计算结果。选取的算例至少能够计算一个软件功能确认所需的主要输出参数，软件主要输出参数必须被选取的算例集全部覆盖；

4）针对软件评价关注的重点特征，与应用对象进行对比，选取的算例集应尽可能覆盖软件应用范围。

在开展复核验算时，首先应该对申请方提交的输入卡进行审查，确认计算参数的合理性以及模型选择的正确性。对于存在计算参数和模型选项错误的输入卡，应评估该错误对计算结果的影响。例如，在某个用于对芯块中心温度确认的输入卡中，包壳腐蚀模型选择有误，如果包壳腐蚀模型选项对芯块中心温度的计算结果影响不大，则可以认为该错误对确认数据的有效性没有影响。此外，还可能存在输出卡中模型选项与申请者提交文件中描述不一致的现象，经过核实后如果确认输入卡存在问题，则需要进行修改并重新进行计算。

复核验算结果需要与申请者提交的输出卡、自评价报告等文件中用于软件确认的数据进行对比，评估确认数据的正确性。如果计算结果与确认数据之间存在差异，需要找到原因修正计算结果或确认数据，并基于修正后的数据，修改确认结论（如 P/M 的平均值和标准差）。如果影响不确定性分析的结果，还需要重新开展不确定性分析。

11.4 应用对象的复核验算

为了审查燃料棒性能分析软件应用对象模型的正确性，应采用应用对象的计算模型开展模型审查及计算模型验算。计算参数应涵盖芯块中心温度、包壳外径、裂变气体释放、燃料棒内压、包壳腐蚀层厚度等主要关键参数的最佳估算和不确定性分析。

应用对象各参数的最佳估算的过程与确认算例的复核验算相似，也是基于申请者提交的文件及输入、输出卡片开展的验算。评价人员首先审查输入卡参数和模型的正确性，然后开展各参数的分析计算，最后将验算结果与申请者提交的输出卡、自评价报告中的数据进行对比，评估应用对象最佳估算结果的正确性。

此外，评价人员还应针对芯块中心温度、包壳外径、燃料棒内压和包壳腐蚀层厚度进行不确定性分析。评价人员和申请者对关键参数的不确定性分析结果应基本一致。

不确定性分析的验算可以采用两种方式进行：

1）第一种方法与应用对象各参数的最佳估算的过程相似，首先审查各参数不确定性分析输入卡的正确性和合理性，然后开展各参数的不确定性分析，最后将分析结果与申请者提交的输出卡、自评价报告中的结果进行对比，评估应用对象不确定性分析结果的正确性；

2）第二种方法，首先基于物理现象分析各个不确定性影响因素在关键参数不确定性分析中的取值方向，然后以此为依据修改最佳估算输入卡中各个影响因素的取值，最后计算各个影响因素的不确定性以及总的不确定性。与第一种方法相比，第二种方法更加近似于独立校核计算，便于审评人员发现申请方不确定性分析中的问题。

基于各关键参数的最佳估算值和不确定度的计算结果，评价人员可以对燃料棒性能分析软件对应用对象理论模型描述是否准确进行评价。

11.5　敏感性分析

11.5.1　网格敏感性分析

评价人员应选取应用对象开展网格敏感性分析：首先修改输入卡中轴向和径向网格的尺寸，然后比较不同空间网格下各参数的计算结果并确认其敏感性，最终得到计算的最佳空间网格划分，以此可以进一步对应用对象的正确性进行确认。

燃料棒性能分析软件的网格敏感性分析需要区分全局性能参数，如内压和裂变气体释放率，以及非全局性能参数，如芯块温度和应变。对于全局性能参数，由于与所处几何位置无关，因此该参数随着网格划分不同导致的差异仅由网格划分差异导致。而对于非全局性能参数，还需要考虑网格划分差异导致几何位置无法对应等现象的影响。

当各个性能参数随着网格细化逐渐趋于稳定时，可以认为计算分析结果收敛。燃料棒设计验证所采用的轴向网格和径向网格划分数量，需要大于敏感性分析所确定的最小网格划分数量。一般来说，分析确认数据时的网格划分方式应与分析应用对象保持一致，以消除空间离散对结果的影响。

11.5.2　参数敏感性分析

评价人员应对应用对象开展参数敏感性分析。敏感性分析方法为单因素轮换法，其基本分析过程为：

1）确定各个输入参数取值范围；

2）根据各个输入参数的取值范围，分别取它们的极值，得到对应的输出结果；

3）将上述输出结果与“最佳估计”条件下得到的结果对比，判断输入参数对输出结果的影响大小程度；

4）选取影响最大的输入参数及取值趋势。

应重点关注芯块中心温度、包壳外径、裂变气体释放、燃料棒内压、包壳腐蚀等参数对芯块包壳间隙、芯块密实、芯块肿胀、芯块密度、包壳蠕变、包壳腐蚀、初始气腔长度、裂变气体释放等因素的敏感性。

参数敏感性分析通常在不确定性分析前开展。敏感性分析可以为不确定性分析中主要影响因素的筛选提供依据。通常而言，对结果影响较大的因素需要在不确定性分析中重点关注。参数敏感性分析与不确定性分析有相似之处，都需要考虑分析结果对影响因素的敏感性；二者之间也有一定区别，不确定性分析还需要考虑各个影响因素本身取值范围的大小，而敏感性分析中则不用关注。

11.6　校核计算

校核计算是选取有代表性的确认数据，采用申请者提交的计算软件，根据确认数据描述的原始文件，开展独立建模工作，并将计算结果与确认数据、申请者提交软件计算结果进行对比分析。校核计算有助于深入了解确认数据模型，以及申请者提交软件在建模过程中的逻辑，评估申请者提交的软件建模方式是否合理，是否将某些参数固化、计算中采用了哪些假设条件。特别是针对应用对象电厂的建模分析，可以确认燃料棒性能分析软件的评价模型对应用对象的适用性。

校核计算算例选取的原则如下：

1）与复核验算相似，校核计算算例来源文件可靠。可靠的数据应满足：来源于大型实验室或机构以官方名义发布的完整报告、模型描述完整、试验数据一般需明确测量误差、基准题发布者需给出官方参考解，并考虑参考解的来源等；

2）能够覆盖软件关键理论模型，同时尽可能多地覆盖软件理论模型，例如热学模型、力学模型、裂变气体释放模型、内压模型、腐蚀模型和吸氢模型等；

3）明确软件功能确认所需主要计算结果，选取算例要求能够覆盖燃料棒温度计算、包壳应变计算、包壳应力计算、裂变气体释放及内压计算、包壳腐蚀计算、包壳吸氢计算、燃料棒生长计算等功能要求的主要结果；

4）针对软件评价关注的重点特征，与应用对象进行对比，选取与应用范围重合度较高的算例。

校核计算的主要数据需求包括：

1）冷却剂参数：包括冷却剂流量、冷却剂温度和冷却剂压力等数据；

2）冷却通道参数：包括当量水直径和当量热直径等数据；

3）辐照历史：包括燃耗、辐照时间、燃料棒线功率和快中子注量等数据；

4）辐照参数分布：包括燃料棒功率和中子注量的径向和轴向分布等数据；

5）材料类型与参数：包括冷却剂、芯块和包壳的类型及相应的材料参数等数据；

6）燃料棒几何参数：包括活性段长度、上气腔长度、上气腔体积、下气腔体积、弹簧圈数、弹簧丝直径、弹簧外径等数据；

7）预充气体参数：包括预充气体压力、预充气体温度、预充气体类型和浓度等数据；

8）包壳参数：包括包壳内径、包壳外径、包壳表面粗糙度等数据；

9）芯块参数：包括芯块内径、芯块外径、芯块高度、芯块碟形的球面半径、碟形深度、倒角深度、倒角宽度、芯块掉块体积、平均晶粒直径、芯块开口孔隙率、芯块表面粗糙度、芯块烧结密度变化、芯块固体肿胀率、燃料富集度、毒物含量、局部氧/铀比等数据。

校核计算的优先采用申请方未采用的例题开展最佳估算和不确定性分析，校核计算的结果可以用来评估软件分析结果的正确性和保守性。如果校核计算的与申请方相同的例题，还可以与申请方的计算结果进行对比，以便分析申请方在计算中输入的正确性和假设的合理性。燃料棒性能分析专业校核计算评价重点关注以下方面：

1）在Ⅰ、Ⅱ类工况下，校核计算结果与热学、力学、裂变气体释放及内压、腐蚀吸氢等重要现象进程的符合性，计算过程应考虑到燃料棒堆内辐照期间的各种劣化过程；

2）评估是否满足包壳应力、包壳应变、包壳腐蚀、包壳温度、燃料温度和燃料棒内压等准则的计算要求；

3）评估安全分析过程中所需芯块中心温度、燃料棒内压、包壳腐蚀、包壳应变以及包壳温度等关键参数计算结果的可信性和正确性；

4）对关键参数和重要现象开展适当的不确定性分析，评估计算结果的保守性和可接受性。为了保证计算结果的保守性，应对芯块温度、燃料棒内压、包壳腐蚀、包壳应变、包壳应力等关键准则参数开展不确定性分析。在进行不确定性分析时，应考虑到芯块－包壳间隙、燃料密度、气腔长度等输入参数不确定性，以及芯块密实、包壳蠕变、裂变气体释放、包壳腐蚀等模型不确定性对分析结果的影响。

图 11-1 至图 11-5 分别给出了芯块中心温度、包壳外径、裂变气体释放、内压和包壳腐蚀的计算示例。

芯块中心温度应关注最不利时刻（图 11-1）温度最高的轴向段，通常芯块中心温度在芯块包壳接触前或寿期末会达到峰值。

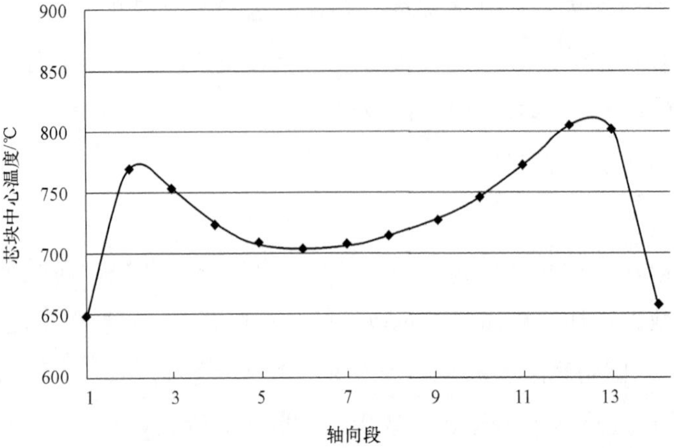

图 11-1　芯块中心温度

包壳应变应关注最不利时刻（图 11-2）包壳外径最大的轴向段，一般来说包壳外径在寿期末会到达峰值，最大值通常出现在倒数第二、第三个轴向段。

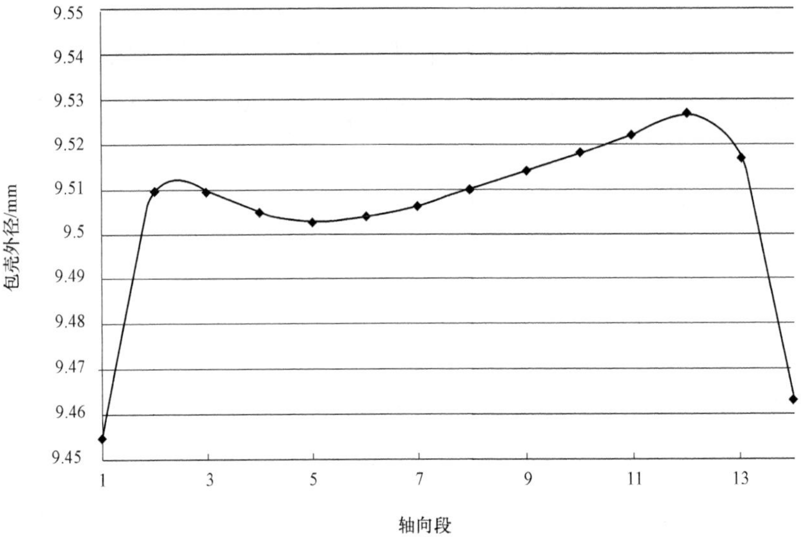

图 11-2　包壳外径

裂变气体释放（图 11-3）和内压（图 11-4）均是整体参数，因此需要关注二者随时间的变化。一般来说裂变气体释放和内压随时间均呈上升趋势。

包壳腐蚀应关注最不利时刻（图 11-5）腐蚀层厚度最大的轴向段，包壳腐蚀在寿期末会到达峰值，最大值通常出现在温度相对较高的位置，即倒数第二、第三个轴向段。

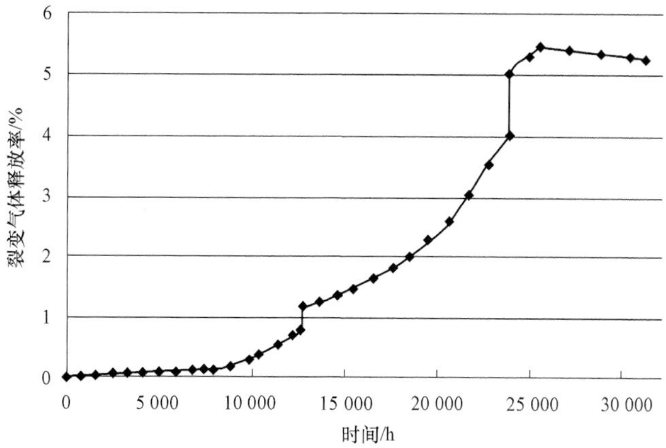

图 11-3　裂变气体释放

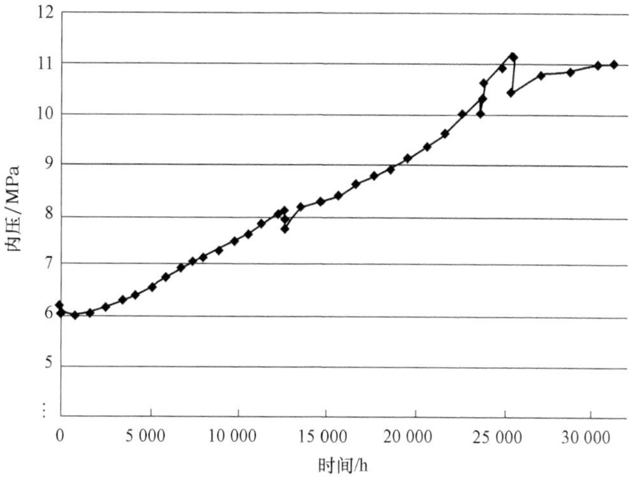

图 11-4　燃料棒内压

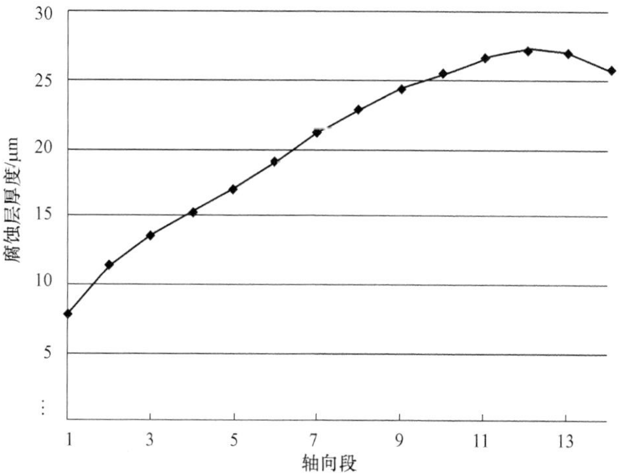

图 11-5　包壳腐蚀

第十二章　评价结论

依据《核动力厂安全分析用计算机软件开发与应用（试行）》《核动力厂安全分析用计算机软件评价实施办法》及相关法规导则的要求，结合软件适用性评价经验，燃料棒性能分析软件评价结论应该包含以下内容：

1）燃料棒性能分析软件适用的应用对象：明确应用对象的芯块类型、包壳类型、燃料富集度、毒物质量分数、初始密度、最大燃耗、最大线功率密度。

燃料棒性能分析软件确认范围应能覆盖申请的适用范围；认可的适用范围不超过软件确认范围和申请的适用范围，但应涵盖申请者提出的应用对象的参数范围。

详细的确认范围与认可范围可参照表 12-1 说明。

表 12-1　软件认可范围

软件评价关注的参数	软件确认范围	申请的适用范围	认可的适用范围	是否需进一步试验确认
芯块类型	应能覆盖申请的适用范围	由申请方提交	不超过软件确认范围和申请的适用范围	认可的适用范围覆盖申请的适用范围则无需补充
包壳类型	应能覆盖申请的适用范围	由申请方提交	不超过软件确认范围和申请的适用范围	认可的适用范围覆盖申请的适用范围则无需补充
燃料富集度（%）	应能覆盖申请的适用范围	由申请方提交	不超过软件确认范围和申请的适用范围	认可的适用范围覆盖申请的适用范围则无需补充
毒物质量分数（%）	应能覆盖申请的适用范围	由申请方提交	不超过软件确认范围和申请的适用范围	认可的适用范围覆盖申请的适用范围则无需补充
初始密度（%TD）	应能覆盖申请的适用范围	由申请方提交	不超过软件确认范围和申请的适用范围	认可的适用范围覆盖申请的适用范围则无需补充
燃耗深度（MWd/kgU）	应能覆盖申请的适用范围	由申请方提交	不超过软件确认范围和申请的适用范围	认可的适用范围覆盖申请的适用范围则无需补充
线功率密度（kW/m）	应能覆盖申请的适用范围	由申请方提交	不超过软件确认范围和申请的适用范围	认可的适用范围覆盖申请的适用范围则无需补充

2）燃料棒性能分析软件确认数据是否完全覆盖应用对象参数范围。对于没有覆盖的部分，应对确认数据适用范围扩展至应用对象参数范围的合理性进行说明；

3）燃料棒性能分析软件燃料棒温度计算、燃料棒力学计算、裂变气体释放计算、内压计算、包壳腐蚀吸氢计算等功能计算的理论模型是否完整、确认是否充分，确认结果是否表明上述功能相关的理论模型在应用对象参数范围内的正确性；

4）燃料棒性能分析软件不确定性分析方法是否合理、统计数据是否有效，不确定性分析结果是否可以接受。应给出各关键参数在开展应用对象设计验证时的不确定性度：通常包括芯块中心温度、包壳外径、燃料棒内压合包壳腐蚀；

5）明确验算比例，并说明验算结果是否与申请者提交计算结果符合较好，申请者的计算结果是否与确认数据一致。明确评价人员独立校算的算例选择，并说明校核计算结果是否与试验数据一致或足够保守；

6）软件开发人员在软件开发过程中，是否采用了规范的测试管理方法、适宜的测试工具、符合要求的专业人员，在测试过程中是否确保了软件的功能性，同时考虑了系统的可靠性、适用性等问题。燃料棒性能分析软件的整体测试工作是否符合我国软件验证方面的相关规范与管理要求；

7）燃料棒性能分析软件质量保证体系是否完整，文档资料是否完备，软件开发、验证、确认过程及人员资质是否符合质量保证要求。

附录　评价报告大纲示例

本附录为燃料棒性能分析软件评价报告大纲，明确了评价报告的基本结构，评价人员可以依据不同软件的具体情况对本大纲的章节进行增删。

以下为燃料棒性能分析软件评价报告大纲示例：

0　目录

1　概述

2　评价依据和评价目的

　2.1　评价依据

　2.2　评价目的

　　2.2.1　质量保证

　　2.2.2　理论模型

　　2.2.3　软件验证

　　2.2.4　软件确认

　　2.2.5　不确定性分析与敏感性分析

　　2.2.6　评价计算

3　理论模型介绍

　3.1　计算流程

　3.2　数值计算方法

　3.3　热学模型

　　3.3.1　冷却剂温度

　　3.3.2　冷却剂–包壳换热

　　3.3.3　包壳温度

　　3.3.4　芯块–包壳间隙传热

　　3.3.5　芯块温度

　　3.3.6　径向功率分布

　3.4　力学模型

3.4.1　基本关系式

3.4.2　弹性应变

3.4.3　包壳非弹性应变

3.4.4　芯块非弹性应变

3.5　裂变气体释放模型

3.6　内压模型

3.6.1　气体状态方程

3.6.2　气体温度

3.6.3　空腔体积

3.7　包壳腐蚀吸氢模型

3.7.1　包壳腐蚀模型

3.7.2　包壳吸氢模型

3.8　材料模型

3.8.1　杨氏模量

3.8.2　泊松比

3.8.3　比热

3.8.4　密度

3.8.5　发射率

3.8.6　热膨胀

3.8.7　热导率

4　评价过程和关注问题

4.1　评价过程

4.2　软件评价中关注的问题

5　质量保证

5.1　概述

5.2　评价过程及关注问题

5.3　评价结论

6　软件验证审查

6.1　概述

6.2　评价过程及重点关注问题

6.3　评价结论

7　软件确认审查

7.9.4　确认结果的正确性

7.9.5　小结

7.10　包壳腐蚀吸氢计算功能确认

7.10.1　理论模型的完整性

7.10.2　确认的完整性

7.10.3　确认的充分性

7.10.4　确认结果的正确性

7.10.5　小结

7.11　其他功能确认

7.11.1　理论模型的完整性

7.11.2　确认的完整性

7.11.3　确认的充分性

7.11.4　确认结果的正确性

7.11.5　小结

7.12　结论

8　不确定性分析

8.1　不确定性分析方法

8.2　各参数不确定性

8.2.1　几何参数不确定性

8.2.2　模型不确定性

8.3　燃料棒温度的不确定性分析

8.4　包壳应变的不确定性分析

8.5　包壳应力的不确定性分析

8.6　燃料棒内压的不确定性分析

8.7　包壳腐蚀的不确定性分析

8.8　其他参数的不确定性分析

8.9　评价中的主要问题

8.10　结论

9　复核验算与校核计算

9.1　软件功能测试

9.2　应用对象计算模型验算

9.3　确认算例验算

9.4 软件敏感性分析

9.4.1 网格敏感性分析

9.4.2 参数敏感性分析

9.5 校核计算

10 评价结论

附件（如专家会纪要等）